大学物理实验报告手册

主　编　尤素萍

副主编　郑飞跃　徐婭梅

参　编　陈翔翔　彭辉丽　黄春云　黄　华

西安电子科技大学出版社

内 容 简 介

本书是与《大学物理实验教程》(葛凡，郑飞跃主编，高等教育出版社出版)配套的实验报告手册。全书共 32 个实验项目，分别从引导学生做好课前准备、准确测量实验数据、规范完整地撰写实验报告三个方面出发，对每个实验报告都安排了课前预习、课堂实验、课后完成的内容，旨在通过这些细节，引导学生带着思考进入课堂，认真观察、研究实验，学会处理实验数据和分析解决问题。

本书可供学习大学物理实验 A、大学物理实验 B、普通物理实验等课程的学生使用。

图书在版编目(CIP)数据

大学物理实验报告手册 / 尤素萍主编. — 西安：西安电子科技大学出版社，2021.2
(2025.1 重印)
ISBN 978-7-5606-6019-6

Ⅰ. ①大… Ⅱ. ①尤… Ⅲ. ①物理学—实验—高等学校—教学参考资料 Ⅵ. ①O4-33

中国版本图书馆 CIP 数据核字(2021)第 029043 号

策　　划　陈　婷
责任编辑　陈　婷
出版发行　西安电子科技大学出版社(西安市太白南路 2 号)
电　　话　(029)88202421　88201467　　邮　　编　710071
网　　址　www.xduph.com　　电子邮箱　xdupfxb001@163.com
经　　销　新华书店
印刷单位　陕西博文印务有限责任公司
版　　次　2021 年 2 月第 1 版　　2025 年 1 月第 7 次印刷
开　　本　787 毫米 × 1092 毫米　1/16　　印　张　12.25
字　　数　289 千字
定　　价　31.00 元
ISBN 978-7-5606-6019-6

XDUP 6321001-7

前　言

“大学物理实验”是理工科类专业学生进入大学后接触的基础实验课程，是一门独立设置的必修课，在培养大学生实践能力方面有其他课程不可替代的作用，将为学生终生学习和继续发展奠定必要的基础。其目的不仅要求学生学习实验的基本技术和测量方法，掌握实验技能，还要求学生能撰写规范、完整的实验报告，为今后进行科学实验打下良好的基础。因此在实验教材的基础上编写一本与教材配套的实验报告手册是非常必要的。

本报告手册主要以引导学生进行规范化的实践研究为目的。课前预习引导学生做好实验预习，培养学生阅读文献、查找资料的习惯，使其学会概括实验要点，从而掌握实验原理和实验方法；课堂实验引导学生学习规范操作，仔细观察实验现象及准确测量实验数据，提高实验动手能力；课后完成部分主要让学生熟练掌握实验数据的处理、图表绘制、计算结果分析等，并能对实验结果进行讨论分析和归纳总结，同时提供一定量的课后讨论题让学生进行反思，巩固所学知识。本报告手册通过引导学生撰写完整规范的实验报告，从而端正其学习态度、调动其学习热情、拓展其学习思路，最终完成“大学物理实验”课程的目标，为今后进行科学实验打下良好基础。

本报告手册是实验中心各位教师多年努力的结果，参与编写的有陈翔翔、黄春云、黄华、彭辉丽、徐娅梅、尤素萍和郑飞跃。其中尤素萍担任组织工作并负责统稿和定稿，郑飞跃和徐娅梅对实验报告手册的内容进行设计。

限于我们的学识和教学经验，报告手册中难免存在不妥之处，恳请读者提出宝贵意见与建议，以便修正。

编　者

2020 年 12 月

目　　录

实验报告 1　实验误差和数据处理基本知识

实验名称	实验误差和数据处理基本知识		
班　　级		上课日期	
学　　号		任课教师	
姓　　名		选 课 号	
实验组号		成　　绩	

一、填空题(10 分)

1. 误差根据性质和产生的原因不同，可分为________、_________和___________。

2. 对某一量进行足够多次的测量，则会发现其随机误差服从一定的统计规律分布。其特点是____。

3. 一个物理量的测量值必须由___________和___________组成，二者缺一不可。物理量的测量一般可分为______________和_______________。

4. 测量结果的三要素是_____________、_____________和______________。

5. 不确定度是指____。不确定度一般包含多个分量，按其数值的评定方法可归并为_____________和_____________两类。

二、单选题(30 分)

1. 测量误差可分为系统误差和随机误差，属于系统误差的是(　　)。

A. 由于多次测量结果的随机性而产生的误差

B. 由于电表存在零点读数而产生的误差

C. 由于实验测量对象的自身涨落引起的测量误差

D. 由于实验者在判断和估计读数上的变动性而产生的误差

2. 测量误差可分为系统误差和随机误差，属于随机误差的有(　　)。

A. 由于电表存在零点读数而产生的误差

B. 由于多次测量结果的随机性而产生的误差

C. 由于量具没有调整到理想状态，如没有调到垂直而引起的测量误差

D. 由于实验测量公式的近似而产生的误差

3. 以下哪一点不符合随机误差统计规律分布特点(　　)。

A. 单峰性　　B. 对称性　　C. 无界性　　D. 抵偿性

4. 下面说法正确的是(　　)。
A. 系统误差可以通过多次测量消除
B. 随机误差一定能够完全消除
C. 系统误差是可以减少甚至消除的
D. 记错数是系统误差
5. 用螺旋测微计测量时，测量值 = 末读数 − 初读数，初读数是为了消除(　　)。
A. 系统误差　B. 随机误差　C. 过失误差　D. 其他误差
6.下列说法中正确的是(　　)。
A. 一般来说，测量结果的有效数字多少与测量结果的准确度无关
B. 可用仪器最小分度值或最小分度值的一半作为该仪器的仪器误差
C. 直接测量一个约 1 mm 的钢球，要求测量结果的相对不确定度不超过 5%，应选用最小分度为 1 mm 的米尺来测量
D. 实验结果应尽可能保留多的运算位数，以表示测量结果的精确度
7. 对一物理量进行等精度多次测量，其算术平均值是(　　)。
A. 真值　B. 最接近真值的值
C. 误差最大的值　D. 误差为零的值
8. 下列说法中不正确的是(　　)。
A. 当被测量可以进行重复测量时，常用重复测量的方法来减少测量结果的随机误差
B. 对某一长度进行两次测量，其测量结果为 10 cm 和 10.0 cm，则两次测量结果是一样的
C. 已知测量某电阻结果为 $R = 85.32 \pm 0.05\Omega$，表明测量电阻的真值位于区间[85.27，85.37]之外的可能性很小
D. 测量结果的三要素是测量量的最佳值(平均值)、测量结果的不确定度和单位
9. 用 50 分游标卡尺测量长度约为 5 cm 的物体，测量结果的有效数字有(　　)。
A. 5 位　B. 4 位　C. 3 位　D. 2 位
10. 两个直接测量值为 0.5135 mm 和 10.0 mm，它们的商是(　　)。
A. 5.135　B. 0.05135　C. 0.0514　D. 0.0513
11. 在计算数据时，当有效数字位数确定以后，应将多余的数字舍去。设计算结果的有效数字取 4 位，则下列不正确的取舍是(　　)。
A. 4.32749→4.328　B. 4.32750→4.328
C. 4.32751→4.328　D. 4.32850→4.328
12. 下列测量结果正确的表达式是(　　)。
A. $T = (12.5 \pm 0.07)$ s　B. $Y = (1.7 \pm 7 \times 10^{-2}) \times 10^{11}$ Pa
C. $U = (23.68 \pm 0.09)$ V　D. $I = (6.54 \pm 0.025)$ mA
13. 计算不确定度时，角度应该使用哪种单位？(　　)。
A. 弧度　B. 度、分、秒　C. 带小数的度　D. 以上三种都对
14. 如果多次测量的平均值为 534.274 mm，误差为 0.5 mm，测量结果应表示为(　　)。
A. 534.3 mm　B. (534.2 ± 0.5) mm　C. (534.3 ± 0.5) mm　D. (534.27 ± 0.5) mm
15. 下列数据中有五位有效数字的测量值是(　　)。
A. 0.0108 m　B. 0.01080 m　C. 0.1080 mm　D. 10.800 mm

三、用有效数字运算规则计算下列各式(30分)

1. $0.0221 \times 0.0221 =$

2. $\dfrac{400 \times 1500}{12.60 - 11.6} =$

3. $107.50 - 2.5 =$

4. $237.5 \div 0.10 =$

5. $\dfrac{76.000}{40.00 - 2.0} =$

6. $\dfrac{100.0 \times (5.6 + 4.412)}{(78.0 - 77.0) \times 10.000} + 110.0 =$

7. $\dfrac{9900}{3.00^2} + 120 \div 0.10 =$

8. $\dfrac{975.0 + 25^2}{\sqrt{400}} =$

9. 已知 $x = 1000 \pm 2$，$y = \ln x$，求 y 值。

10. 已知 $x = 9°24' \pm 0°01'$，$y = \cos x$，求 y 值。

四、应用题(要求列出计算公式)(30分)

1. 用最小分度值为 0.01 mm 的螺旋测微计测量某一钢球的直径，测量前螺旋测微计的零点读数为 −0.004 mm，测得钢球直径为 3.317 mm、3.308 mm、3.310 mm、3.316 mm、3.309 mm、3.315 mm。求钢球直径 $\overline{d}$、不确定度 u_d、相对不确定度 E_d 以及测量结果的表达式 $d = \overline{d} \pm u_d$。

2. 利用单摆测量重力加速度，当摆角很小时有 $T = 2\pi\sqrt{\dfrac{L}{g}}$ 的关系。式中 L 为摆长，T 为周期，它们的测量结果分别为 $L = (97.69 \pm 0.02)$ cm；$T = (1.9842 \pm 0.0002)$ s，求重力加速度、不确定度及相对不确定度，并写出结果表达式。

3. 已知电阻丝的阻值 R 与温度 t 的关系为：$R = R_0(1+at) = R_0 + R_0at$，其中 R_0、a 是常数。现有一电阻丝，其阻值随温度变化如表 1-1 所示。请用作图法作 $R—t$ 直线，并求出 R_0、R_0a 值。

表 1-1

t/(℃)	15.0	20.0	25.0	30.0	35.0	40.0	45.0	50.0
R/Ω	28.05	28.52	29.10	29.56	30.10	30.57	31.00	31.62

实验报告2 密度的测量

<table>
<tr><td>实验名称</td><td colspan="4">密度的测量</td></tr>
<tr><td>班　　级</td><td></td><td colspan="2">实验日期</td><td></td></tr>
<tr><td>学　　号</td><td></td><td rowspan="4">实验成绩</td><td>预习成绩</td><td></td></tr>
<tr><td>姓　　名</td><td></td><td>操作成绩</td><td></td></tr>
<tr><td>实验组号</td><td></td><td>报告成绩</td><td></td></tr>
<tr><td>任课教师</td><td></td><td>总评成绩</td><td></td></tr>
</table>

【实验目的】

1. 掌握游标卡尺、螺旋测微计和物理天平的测量原理和使用方法。
2. 测量给定物体的密度。
3. 练习数据处理和不确定度的估算。

【实验原理】

1. 物体的密度是指____________________________，其公式为______________。
2. 测量形状规则的物体密度，如图 2-1 所示，简述其测量原理，推导出公式。

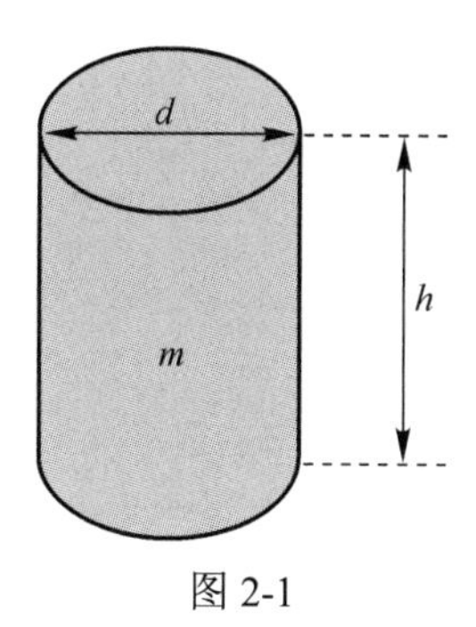

图 2-1

3. 用比重瓶法测量待测液体密度，简述其测量原理，推导出公式。

【实验仪器】(应写明仪器型号、规格和精度。)

【注意事项】

【实验内容及步骤】(根据实验要求简述实验内容及步骤。)

【数据处理与结果】(列出数据表格，计算结果和不确定度，写出结果表达式。)

【结果讨论与误差分析】(对比实验所得结果与理论值是否相符，分析影响实验结果的原因。)

【分析讨论题】

1. 游标卡尺：游标分度值是指主尺上一格的宽度与游标尺上一格的宽度之差，即游标分度值$=a-b=a-\frac{N-1}{N}a=\frac{a}{N}$。图 2-2(a)是用 50 分度的游标卡尺测量圆环的直径的示意图，其读数为________________。图 2-2(b)是分度值为 0.01 mm 的螺旋测微器测量圆环直径的示意图，其读数为________________。

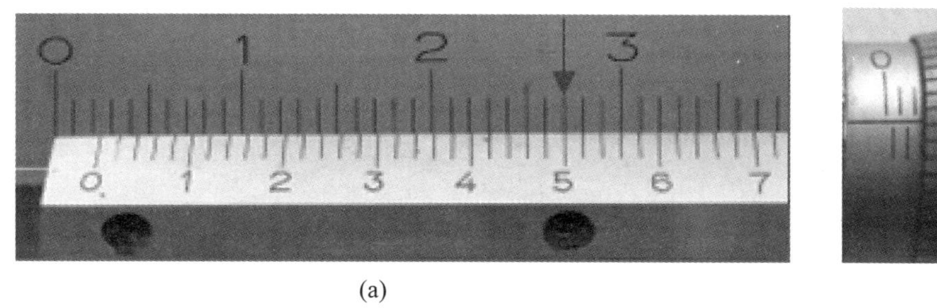

(a)

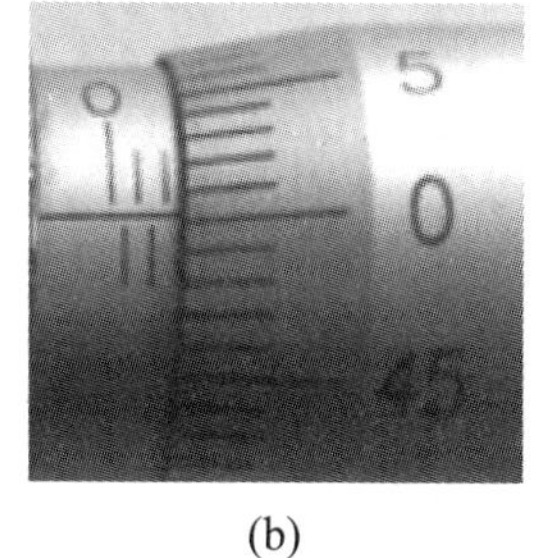

(b)

图 2-2

2. 请说明本次实验中为什么圆柱体的高度要用游标卡尺测量，而直径用螺旋测微计测量。若用米尺测量这两个量，测得的密度结果有何不同？

【实验心得或建议】

【原始数据记录】

游标卡尺的量程：__________________，最小分度值：_____________。
螺旋测微器的量程：________________，最小分度值：_____________。
电子天平称量：____________________，最小分度值：_____________。

1. 测量圆柱体密度。

测量次数	1	2	3	4	5	6	平均值
直径 d/mm							
高度 h/mm							
质量 m/g							

2. 比重瓶法测量待测液体的密度(表格自拟)。

*3. 拓展：设计一个方案，用比重瓶法测量小颗粒固体的密度。

教师签名_____________
日　　期_____________

实验报告 3　用扭摆法测量刚体的转动惯量

<table>
<tr><td>实验名称</td><td colspan="4">用扭摆法测量刚体的转动惯量</td></tr>
<tr><td>班　　级</td><td></td><td colspan="2">实验日期</td><td></td></tr>
<tr><td>学　　号</td><td></td><td rowspan="4">实验成绩</td><td>预习成绩</td><td></td></tr>
<tr><td>姓　　名</td><td></td><td>操作成绩</td><td></td></tr>
<tr><td>实验组号</td><td></td><td>报告成绩</td><td></td></tr>
<tr><td>任课教师</td><td></td><td>总评成绩</td><td></td></tr>
</table>

【实验目的】

1. 测定弹簧的扭转常数。
2. 测定不同形状物体的转动惯量，并与理论值进行比较。
3. 验证转动惯量的平行轴定理。

【实验原理】

1. 转动惯量是表征______________________________，是工程技术中重要的力学参量。其大小与______________、______________和______________有关。

2. 扭摆仪测量刚体转动惯量的原理。(利用胡克定律和定轴转动定律推导出公式。)

3. 弹簧的扭转常数 K 的测量。(简述测量方法及公式，实验中为保持 K 基本相同，应采取多大的摆角？)

【实验仪器】(应写明仪器型号、规格、精度。)

【注意事项】

【实验内容及步骤】(根据实验要求简述实验内容及步骤。)

【数据处理与结果】(列出数据表格，计算结果和百分比误差。)

【结果讨论与误差分析】(对比实验所得结果与理论值是否相符，分析影响实验结果的原因。)

【分析讨论题】

1. 什么是测量周期的积累放大法?

2. 如果转轴偏离长细棒的中心，实验测得细棒的转动惯量与理论值$\frac{1}{12}ml^2$比较是偏大?还是偏小？为什么？

【实验心得或建议】

【原始数据记录】

1. 弹簧的扭转系数：$k=4\pi^2\cdot\dfrac{I_1'}{T_1^2-T_0^2}=$ ________________。

2. 不同形状物体的转动惯量。

<table>
<tr><th rowspan="2">物体名称</th><th rowspan="2" colspan="2">质量/kg</th><th rowspan="2" colspan="2">几何尺寸/m</th><th rowspan="2" colspan="2">周期 T/s</th><th colspan="2">转动惯量/(kg・m^2)</th><th rowspan="2">百分比误差</th></tr>
<tr><th>理论值</th><th>实验值</th></tr>
<tr><td rowspan="4">金属载物盘</td><td rowspan="4" colspan="2">—</td><td rowspan="4" colspan="2">—</td><td rowspan="3">T_0</td><td></td><td rowspan="4">—</td><td rowspan="4">$I_0=\frac{k}{4\pi^2}T_0^2$</td><td rowspan="4">—</td></tr>
<tr><td></td></tr>
<tr><td></td></tr>
<tr><td>平均 T_0</td><td></td></tr>
<tr><td rowspan="4">塑料圆柱体</td><td rowspan="4">M_1</td><td rowspan="4"></td><td rowspan="3">D</td><td></td><td rowspan="3">T_1</td><td></td><td rowspan="4">$I_2'-\frac{1}{8}M_1D^2$</td><td rowspan="4">$I_1-\frac{k}{4\pi^2}T_1^2-I_0$</td><td rowspan="4"></td></tr>
<tr><td></td><td></td></tr>
<tr><td></td><td></td></tr>
<tr><td>平均 D</td><td></td><td>平均 T_1</td><td></td></tr>
<tr><td rowspan="8">金属圆筒</td><td rowspan="8">M_2</td><td rowspan="8"></td><td rowspan="3">内 d_1</td><td></td><td rowspan="7">T_2</td><td rowspan="2"></td><td rowspan="8">$I_2'=\frac{1}{8}M_2(d_1^2+d_2^2)$</td><td rowspan="8">$I_2=\frac{k}{4\pi^2}T_2^2-I_0$</td><td rowspan="8"></td></tr>
<tr><td></td></tr>
<tr><td></td><td rowspan="3"></td></tr>
<tr><td>平均 d_1</td><td></td></tr>
<tr><td rowspan="3">外 d_2</td><td></td></tr>
<tr><td></td><td rowspan="2"></td></tr>
<tr><td></td></tr>
<tr><td>平均 d_2</td><td></td><td>平均 T_2</td><td></td></tr>
<tr><td rowspan="4">金属细杆</td><td rowspan="4">M_3</td><td rowspan="4"></td><td rowspan="3">L</td><td></td><td rowspan="3">T_3</td><td></td><td rowspan="4">$I'_3=\frac{1}{12}M_3L^2$</td><td rowspan="4">$I_3=\frac{k}{4\pi^2}T_3^2-I_{夹具}$</td><td rowspan="4"></td></tr>
<tr><td></td><td></td></tr>
<tr><td></td><td></td></tr>
<tr><td>平均</td><td></td><td>平均 T_3</td><td></td></tr>
</table>

3. 验证平行轴定理：$I=I_c+mx^2$。

<table>
<tr><td colspan="2">$X/(10^{-2}\text{m})$</td><td>5.0</td><td>10.0</td><td>15.0</td><td>20.0</td><td>25.0</td></tr>
<tr><td rowspan="4">周期 T/s</td><td>T_1</td><td></td><td></td><td></td><td></td><td></td></tr>
<tr><td>T_2</td><td></td><td></td><td></td><td></td><td></td></tr>
<tr><td>T_3</td><td></td><td></td><td></td><td></td><td></td></tr>
<tr><td>平均 T</td><td></td><td></td><td></td><td></td><td></td></tr>
<tr><td colspan="2">实验值/(kg · m²)
$I_{实}=[\frac{k}{4\pi^2}T^2-I_3-I_{夹具}]\times\frac{1}{2}$</td><td></td><td></td><td></td><td></td><td></td></tr>
<tr><td colspan="2">理论值/(kg · m²)
$I'=I_c+mx^2$</td><td></td><td></td><td></td><td></td><td></td></tr>
<tr><td colspan="2">百分比误差
$E=\frac{|I-I'|}{I'}\times 100\%$</td><td></td><td></td><td></td><td></td><td></td></tr>
</table>

4. 滑块的参数。

测量次数	1	2	3	平均值
m/kg				
h/cm				
$D_{内}$/cm				
$D_{外}$/cm				

$$I_c=\left[\frac{1}{16}m(D_{外}^2+D_{内}^2)+\frac{1}{12}mh^2\right]$$

教师签名____________

日　　期____________

实验报告 4　空气比热容比的测定

<table>
<tr><td>实验名称</td><td colspan="4">空气比热容比的测定</td></tr>
<tr><td>班　　级</td><td></td><td colspan="2">实验日期</td><td></td></tr>
<tr><td>学　　号</td><td></td><td rowspan="4">实验成绩</td><td>预习成绩</td><td></td></tr>
<tr><td>姓　　名</td><td></td><td>操作成绩</td><td></td></tr>
<tr><td>实验组号</td><td></td><td>报告成绩</td><td></td></tr>
<tr><td>任课教师</td><td></td><td>总评成绩</td><td></td></tr>
</table>

【实验目的】

1. 用绝热膨胀法测定空气的比热容比。
2. 观察热力学过程中状态变化及基本物理规律。
3. 学习气体压力传感器和电流型集成温度传感器的原理和使用方法。

【实验原理】

1. 气体的比热容有定压热容 C_P 和定容热容 C_V 两种。

摩尔定压热容 $C_{P,m}$ 是____。

摩尔定容热容 $C_{V,m}$ 是____。

气体的比热容比 γ(又称绝热指数)是指____________________________________，是描述热力学性质的一个重要参数。在空气动力学中，空气的比热容比 γ 常取为 1.402。

2. 绝热膨胀法测空气比热容比 γ。(用图示法简述实验过程中的热力学状态变化，并推导出计算公式。)

3. 实验仪器工作原理：实验采用__________________来测量瓶内气体的压强。当待测气体压强为环境大气压 P_0 时，数字电压表为 0，所以使用前需要__________；本实验所用的压力传感器已由厂家定标，其灵敏度为 20 mV/kPa，故当待测气体压强为 $P = P_0 + 10$ kPa 时，数字电压表显示为__________。若电压表示数为 ΔU，那么实际的压强值计算公式为__________________。

实验中测量温度用的是__________________传感器。测温灵敏度为_____________。其原理图如图 4-1 所示，故实验中数字电压表每变化 1.0 mV，温度变化____________℃

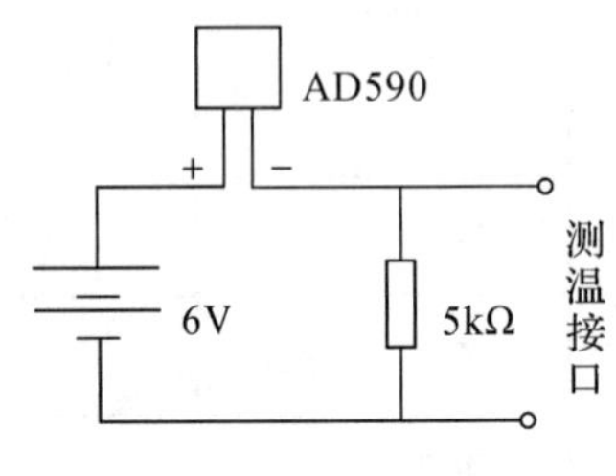

图 4-1　AD590 电路连接

【**实验仪器**】(应写明仪器型号、规格、精度)。

【注意事项】

【实验内容及步骤】(根据实验要求简述实验内容及步骤。)

【数据处理与结果】(列出数据表格，计算结果和不确定度，写出结果表达式。)

分别计算五次测量所得比热容比 γ，并计算其平均值、不确定度、相对不确定度，写出结果表达式，计算 γ 的相对误差。

测量次数	测量值/mV						计算值			γ
	状态 0		状态 I		状态 III		$P_i/10^5$ Pa			
	ΔU_0	T_0	ΔU_1	T_0'	ΔU_2	T_0''	P_0	P_1	P_2	
1										
2										
3										
4										
5										

【结果讨论与误差分析】(实验中误差的来源有哪些？应该怎样减小误差。根据实验结果分析实验值与理论值的相对误差偏大还是偏小，主要是由什么因素影响的。)

【分析讨论题】

1. 控制放气时间是为了达到什么目的？关闭阀门停止放气后，若发现气压不稳定，而是在上升，能否说明放气时间不准？为什么？

2. 实验中若放气不充分，则所得值是偏大还是偏小？为什么？

【实验心得或建议】

【原始数据记录】

用福廷式气压计读取室内大气压强 P_0 = ________。

测量次数	测量值/mV						计算值		
	状态 0		状态 I		状态III		$P_i/10^5$ Pa		
	ΔU_0	T_0	ΔU_1	T_0'	ΔU_2	T_0''	P_0	P_1	P_2
1									
2									
3									
4									
5									

教师签名________

日　　期________

实验报告 5　不良导体导热系数的测定

<table>
<tr><td>实验名称</td><td colspan="4">不良导体导热系数的测定</td></tr>
<tr><td>班　　级</td><td></td><td colspan="2">实验日期</td><td></td></tr>
<tr><td>学　　号</td><td></td><td rowspan="4">实验成绩</td><td>预习成绩</td><td></td></tr>
<tr><td>姓　　名</td><td></td><td>操作成绩</td><td></td></tr>
<tr><td>实验组号</td><td></td><td>报告成绩</td><td></td></tr>
<tr><td>任课教师</td><td></td><td>总评成绩</td><td></td></tr>
</table>

【实验目的】

1. 了解热传导现象的物理过程。
2. 学习用稳态平板法测量不良导体的导热系数。
3. 学习求冷却速率的方法。

【实验原理】

导热系数是______________________________。各种材料的导热系数不仅与构成材料的____________________________有关，而且与其____________________________有关。确定材料的导热系数需要用实验进行测量。

1. 热传导现象及傅里叶热传导定律。(简述热传导现象和傅里叶热传导定律，写出表达式，解释各相关物理量的意义。)

2. 稳态法测样品温度。(简述稳态的含义及温度梯度$\frac{dT}{dx}$的确定方法。)

3. 稳态时的传热速率测量。(简述稳态时样品的传热速率、散热盘的散热速率与散热盘的冷却速率之间的关系，写出散热盘的散热速率表达式。)

4. 导热系数测量公式。

【实验仪器】(写明仪器型号、规格、精度。)

【注意事项】

【实验内容及步骤】(根据实验要求简述实验内容及步骤。)

【数据处理与结果】

1. 计算出样品盘和散热铜盘直径和厚度的平均值以及不确定度。

2. 取 T_1 和 T_2 的最后 5 组数据取平均值作为稳态温度。

3. 选择最接近稳态温度 T_2 的前后各 6 组数据，用作图法求出散热铜盘在稳态温度处的冷却速率 k (在坐标纸上画图或用电脑制图)，计算导热系数 λ 及不确定度，写出结果表达式。

【结果讨论与误差分析】(对比橡胶盘的导热系数与理论值是否相符，分析测量过程中影响实验结果的因素有哪些。)

【分析讨论题】

1. 测定散热盘的散热速率时为什么要在稳态温度 T_{20} 附近选值？
2. 样品的导热系数大小与导热性能有什么关系？

【实验心得或建议】

【原始数据记录】

1. 用游标卡尺测量样品和散热铜盘的直径 d 和高度 h，各测 5 次；用物理天平称量散热铜盘的质量 m。

测量次数	1	2	3	4	5	平均值
散热盘直径 D_p /mm						
散热盘厚度 h_p /mm						
样品盘直径 D/mm						
样品盘厚度 h/mm						
散热铜盘质量 m/g						

2. 稳态温度 T_1 和 T_2 的测量。

t/min												
T_1/℃												
T_2/℃												
t/min												
T_1 /℃												
T_2/℃												

3. 冷却速率的测量。

t /s																
T_2 /℃																
t /s																
T_2 /℃																

教师签名____________

日　　期____________

实验报告6　示波器的使用(数字式)

<table>
<tr><td>实验名称</td><td colspan="4">示波器的使用(数字式)</td></tr>
<tr><td>班　　级</td><td></td><td colspan="2">实验日期</td><td></td></tr>
<tr><td>学　　号</td><td></td><td rowspan="4">实验成绩</td><td>预习成绩</td><td></td></tr>
<tr><td>姓　　名</td><td></td><td>操作成绩</td><td></td></tr>
<tr><td>实验组号</td><td></td><td>报告成绩</td><td></td></tr>
<tr><td>任课教师</td><td></td><td>总评成绩</td><td></td></tr>
</table>

【实验目的】

1. 了解示波器的结构和工作原理。
2. 熟练掌握示波器的基本操作。
3. 学会用示波器测量电压、频率和相位差的方法。
4. 观察李萨如图形，加深对振动合成的理解。

【实验原理】

1. 示波器是电子测量仪器，能直接观察_______________________的波形，也能测量其____________、____________、____________等参数。利用传感器还可以将应变、压力、流量等非电学量转换成电压信号进行测量。

2. 示波器显示波形的原理。(简述示波器显示波形的原理；写出示波器显示稳定波形的条件。)

3. 用示波器测量交变信号的参数。(以正弦信号为例，画出屏幕刻度和波形，写出测量电压、时间和频率的公式。)

4. 用示波器观察李萨如图形和测量频率。(什么是李萨如图形？如何用李萨如图形测量未知频率。)

【实验仪器】(写明仪器型号、规格、精度。)

【注意事项】

【实验内容及步骤】(写出示波器使用时所需要的功能或功能键，如：测量信号电压、周期时，如何调节使屏幕上信号的波形个数最少且波幅最大；如何调出李萨如图形等。)

【数据处理与结果】(整理数据表格，对李萨如图形测量的数据计算结果和不确定度，写出结果表达式。)

【结果讨论与误差分析】简述实验中的系统误差及随机误差的影响因素，分析表格 1 最后一列百分误差很小(甚至为 0)的原因，分析李萨如图形测量未知频率，标准信号调节至 10^{-2} Hz 信号稳定就记录实验数据的原因。(标准信号最小精度为 10^{-6} Hz)

【分析讨论题】

1. 示波器能否用来测量直流电压？如能，应如何进行？(提示：通过调节哪些功能键来实现。)
2. 简述示波器的基本应用及拓展应用。

【实验心得或建议】

【原始数据表格】

1. 用示波器测量待测信号。

信号源		示波器测量							
电压 U_0/V	频率 f_0/Hz	电压 U			周期 T			频率 f_1/Hz	百分比误差/%
		挡位 (V/div)	格数 D_y/div	U_{PP}/V	挡位 /(ms/div)	格数 /div	T/ms		

2. 李萨如图形法测未知频率。

李萨如图形					
N_y	1				
N_x	1				
f_y/Hz					
待测 f_x/Hz					

教师签名____________

日　　期____________

实验报告 7　电势差计的原理和使用

<table>
<tr><td>实验名称</td><td colspan="4">电势差计的原理和使用</td></tr>
<tr><td>班　　级</td><td></td><td colspan="2">实验日期</td><td></td></tr>
<tr><td>学　　号</td><td></td><td rowspan="4">实验成绩</td><td>预习成绩</td><td></td></tr>
<tr><td>姓　　名</td><td></td><td>操作成绩</td><td></td></tr>
<tr><td>实验组号</td><td></td><td>报告成绩</td><td></td></tr>
<tr><td>任课教师</td><td></td><td>总评成绩</td><td></td></tr>
</table>

【实验目的】

1. 掌握电势差计的工作原理——补偿原理。
2. 通过用电势差计测量电动势、电阻，熟练掌握电势差计的使用方法。

【实验原理】

1. 电势差计

电势差计是一种用途很广泛的精密的测量仪器，它相当于一个内阻无穷大的_______，因此可用来测量电源的____________，也可间接测量____________、电阻。电势差计测量结果的准确度可以达到很高，所以常用来校正各种精密电表。

2. 电势差计的工作原理

(1) 补偿原理。(画出原理图，简述补偿原理。)

(2) 电势差计工作原理。

如图 7-1 所示，UJ31 型电势差计共有__________个回路，其中补偿回路有________个。工作电流调节回路主要由 E、R、____________、____________组成；校正工作回路电流主要由________________、_________________、________________组成；待测回路主要由______________、______________、______________组成。

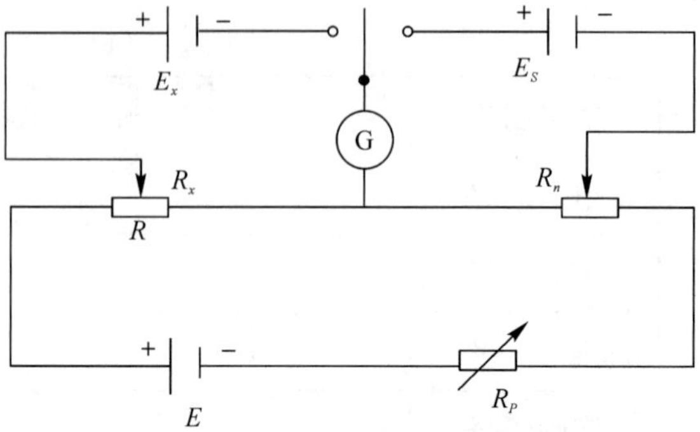

图 7-1　电势差计工作原理图

3. 电势差计的使用

(1) 电势差计的校正。(简述电势差计工作电流标准化流程。)

(2) 电势差计测干电池电动势。(画出分压电路图，推导出实验公式。)

【实验仪器】(写明仪器型号、规格、精度。)

【注意事项】

【实验内容及步骤】(根据实验要求简述实验内容及步骤。)

【数据处理与结果】(列出数据表格，计算结果和不确定度，写出结果表达式。)

【结果讨论与误差分析】(分析实验结果产生误差原因；分析标准电池电动势是否修正对实验结果的影响。)

【分析讨论题】

1. 在用电势差计测量电动势时，如果把E、E_s、E_x中的任意一个正负极性接反，会产生什么后果？如果工作电流调节回路接触不良或断路，在调节过程中又会出现什么现象？

2. 使用电势差计时，要求工作电源的电压非常稳定。如果校正工作电流后，工作电源电压降低了，那么测量结果发生什么变化？为什么？

【实验心得或建议】

【原始数据记录】

室温____________，标准电池电动势____________。

次数	R_s/Ω	R_0/Ω	U_s/mV	E_x/mV	$\overline{E}_x$/V	U_{Ex}/V
1						
2						
3						
4						
5						
6						

教师签名____________

日　　期____________

实验报告 8　霍尔效应原理及其应用

<table>
<tr><td>实验名称</td><td colspan="4">霍尔效应原理及其应用</td></tr>
<tr><td>班　　级</td><td></td><td colspan="2">实验日期</td><td></td></tr>
<tr><td>学　　号</td><td></td><td rowspan="4">实验成绩</td><td>预习成绩</td><td></td></tr>
<tr><td>姓　　名</td><td></td><td>操作成绩</td><td></td></tr>
<tr><td>实验组号</td><td></td><td>报告成绩</td><td></td></tr>
<tr><td>任课教师</td><td></td><td>总评成绩</td><td></td></tr>
</table>

【实验目的】

1. 掌握霍尔器件的工作特性，学习用霍尔效应测量磁场的方法。
2. 学习利用霍尔器件测绘长直螺线管轴向磁场分布。

【实验原理】

1. 霍普金斯大学的霍尔于 1879 年发现，置于磁场中的载流体，如果电流方向与磁场垂直，则在垂直于电流和磁场方向会产生一附加的________________。霍尔效应从本质上讲是____。

2. 霍尔效应测磁场原理。(根据图 8-1 所示的半导体，推导出霍尔效应测磁场的公式。)

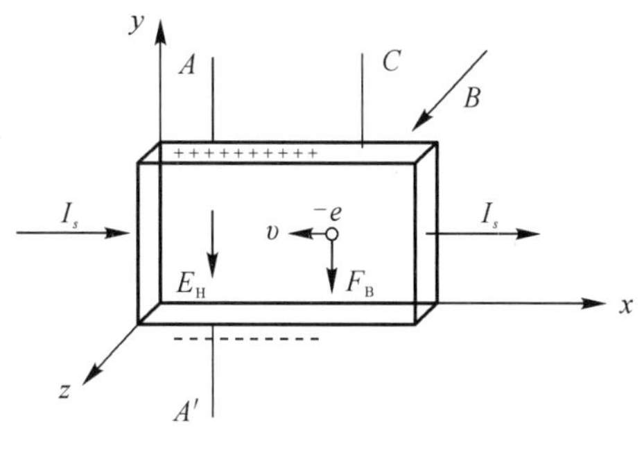

图 8-1　霍尔效应原理图

3. 载流长直流螺线管内的磁感应强度。(流经线圈的电流方向如图 8-2 所示，在图(a)上画出磁力线方向，在(b)上画出轴向磁感应强度分布示意，并写出公式。)

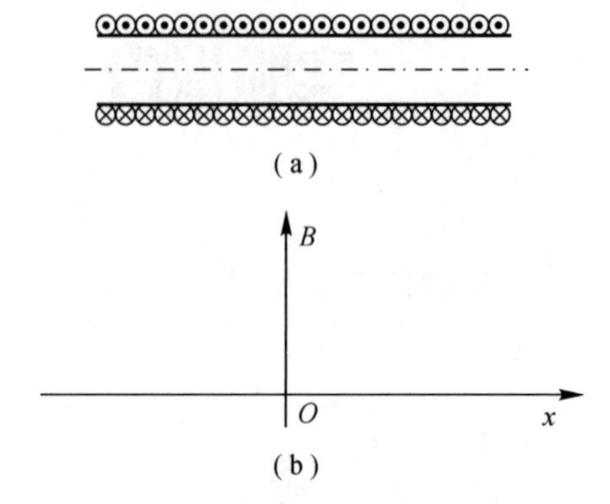

图 8-2　螺线管内轴向磁感应强度分布

【实验仪器】(写明仪器型号、规格、精度。)

【注意事项】

【实验内容及步骤】

【数据处理与结果】(列出数据表格，作图，计算螺线管中点磁场的百分误差。)

【结果讨论与误差分析】(参考教材附件文档《霍尔效应器件中的副效应及其消除方法》简述实验中系统误差的消除，对比长直螺线管轴向磁感应强度理论分布曲线与实验测绘曲线的不同，分析产生原因。)

【分析讨论题】

1. 为什么霍尔效应在半导体中特别显著？

2. 实验时能否将测试仪的励磁电源“I_M输出”接到实验仪的“I_S输入”或“U_H输出”？为什么？

【实验心得或建议】

【原始数据表格】

1. 工作电流 I_s 与霍尔电压 U_H 变化关系。

$I_M = 0.500$ A

I_s/mA	U_1/mV	U_2/mV	U_3/mV	U_4/mV	$\left(U_H = \frac{U_1 - U_2 + U_3 - U_4}{4}\right)$/mV
	$+B, +I_s$	$-B, +I_s$	$-B, -I_s$	$+B, -I_s$	
1.00					
2.00					
3.00					
4.00					
5.00					
6.00					

2. 励磁电流 I_S 与霍尔电压 U_H 变化关系。

$I_s = 5.00$ mA

I_M/A	U_1/mV	U_2/mV	U_3/mV	U_4/mV	$\left(U_H = \frac{U_1 - U_2 + U_3 - U_4}{4}\right)$/mV
	$+B, +I_s$	$-B, +I_s$	$-B, -I_s$	$+B, -I_s$	
0.200					
0.300					
0.400					
0.500					
0.600					
0.700					
0.800					

3. 螺线管轴向磁感应强度分布测量。

霍尔器件灵敏度 K_H = ____________；螺管线圈单位长度上的匝数 N = ____________。

$X = 14 - X_1 - X_2$　　　　$I_s = 5.00\ \text{mA}$　　　　$I_M = 0.500\ \text{A}$

X_1 /cm	X_2 /cm	X /cm	U_1 /mV	U_2 /mV	U_3 /mV	U_4 /mV	$\left(U_H = \frac{U_1 - U_2 + U_3 - U_4}{4}\right)\Big/\text{mV}$	B /10^{-3}T
			$+B$，$+I_s$	$-B$，$+I_s$	$-B$，$-I_s$	$+B$，$-I_s$		
14.00	14.00	−14.00						
13.50	14.00	−13.50						
13.00	14.00	−13.00						
12.50	14.00	−12.50						
12.00	14.00	−12.00						
9.00	14.00	−9.00						
6.00	14.00	−6.00						
3.00	14.00	−3.00						
0	14.00	0						
0	11.00	3.00						
0	8.00	6.00						
0	5.00	9.00						
0	2.00	12.00						
0	1.50	12.50						
0	1.00	13.00						
0	0.50	13.50						
0	0	14.00						

教师签名____________

日　　期____________

实验报告 9　伏安法测定非线性电阻

<table>
<tr><td>实验名称</td><td colspan="4">伏安法测定非线性电阻</td></tr>
<tr><td>班　　级</td><td></td><td colspan="2">实验日期</td><td></td></tr>
<tr><td>学　　号</td><td></td><td rowspan="4">实验成绩</td><td>预习成绩</td><td></td></tr>
<tr><td>姓　　名</td><td></td><td>操作成绩</td><td></td></tr>
<tr><td>实验组号</td><td></td><td>报告成绩</td><td></td></tr>
<tr><td>任课教师</td><td></td><td>总评成绩</td><td></td></tr>
</table>

【实验目的】

1. 测绘所给非线性电阻的伏安特性曲线，用图线正确表示实验结果。
2. 正确使用电压表、电流表，分析它们在电路中产生的系统误差。

【实验原理】

1. 伏安法。画出电流表内接和外接的电路示意图，写出两种接法电表的接入误差，从而导出两种接法的适用条件。

2. 非线性电阻。画出稳压管和小灯泡理论上的伏安特性曲线，分析稳压管(正向与反向)和小灯泡伏安特性曲线的特点以及电阻的特点。

非线性电阻是指____。

常见的非线性电阻如____。

3. 测量电路的设计。根据稳压管和小灯泡电阻的特点，结合实验室提供的这两个电阻元件的型号和参数(稳压管 2CW56、小灯泡 12 V，0.1 A)，估算两个电阻元件在测量范围内的电阻变化范围，并和实验室提供的电流表和电压表的内阻进行比较，确定两个电阻元件伏安特性的测量电路，画出电路图。

【实验仪器】(写明仪器型号、规格、精度。)

【注意事项】

【实验步骤】

【数据处理与结果】(整理数据表格，计算结果和不确定度，写出结果表达式。)

在坐标纸上画出稳压管和小灯泡的伏安特性曲线，求出稳压管的稳定电压，求出小灯泡伏安特性曲线的方程。可用电脑作图。

【结果讨论与误差分析】(分析实验曲线是否和理论曲线相符，说明引入误差的原因。验证小灯泡测量电路是否合适：根据实验数据求出电阻变化范围，结合电表参数和伏安法电路的适用条件进行分析。)

【分析讨论题】

1. 在二极管的伏安特性曲线的导通区域上取一点，根据实验中所用的电表，分析电流表内接和外接产生的系统误差各有多大。若对此误差不予修正，应该用哪种接法?

2. 试从小灯泡的伏安特性曲线中得出灯丝的冷态电阻。(指室温下通过小灯泡电流 $I=0$ 时的阻值)。

【实验心得或建议】

【原始数据记录】

稳压管、小灯泡伏安特性数据。

稳压管正向连接方式

U/V	I/mA
0	0.00

稳压管反向连接方式

U/V	I/mA
0	0.00

小灯泡连接方式

U/V	I/mA
0.000	0.00
0.500	
1.000	
1.500	
2.000	
2.500	
3.000	
3.500	
4.000	
4.500	
5.000	
5.500	
6.000	
6.500	
7.000	
8.000	
9.000	
10.000	
11.000	
12.000	

教师签名____________

日　　期____________

实验报告 10　电表的改装与校准

<table>
<tr><td>实验名称</td><td colspan="4">电表的改装与校准</td></tr>
<tr><td>班　　级</td><td></td><td colspan="2">实验日期</td><td></td></tr>
<tr><td>学　　号</td><td></td><td rowspan="4">实验成绩</td><td>预习成绩</td><td></td></tr>
<tr><td>姓　　名</td><td></td><td>操作成绩</td><td></td></tr>
<tr><td>实验组号</td><td></td><td>报告成绩</td><td></td></tr>
<tr><td>任课教师</td><td></td><td>总评成绩</td><td></td></tr>
</table>

【实验目的】

1. 初步培养学生设计简单实验的能力，并复习和巩固电学基本仪器的使用技能。
2. 掌握将微安表头改装成较大量程的电流表和电压表的原理和方法。
3. 学会用比较法校准电表。

【实验原理】

1. 简述微安表头的工作原理。

2. 画出半偏法测量表头内阻的原理图，简述测量原理。

3. 画出替代法测量表头内阻的原理图，简述测量原理。

4. 将 100 μA 的微安表改装成量程为 0～10 mA 的电流表，并用比较法进行校准。(分流电阻计算公式，画出改装电流表的电路图及校准电路图，简述校准原理)。

*5. 将 100 μA 的微安表改装成量程为 0～10 V 的电压表。
(画出改装电压表的电路图及校准电路图，分压电阻计算公式，简述校准原理。)

【实验仪器】(写明仪器型号、规格、精度。)

【注意事项】

【实验内容及步骤】(根据实验要求简述实验内容及步骤。)

【数据处理与结果】(整理数据表格，在坐标纸上画出校准曲线，可用电脑作图；确定改装后电表的准确度等级。)

【结果讨论与误差分析】(通过实验数据与校准曲线，说明产生误差的原因。)

【分析讨论题】

1. 校准电流表满刻度时，发现被改装表的读数相对于标准表的读数偏大，应如何调整改装表的分流电阻的阻值，才能达到标准表的数值？

2. 在校准电压表满刻度时，发现被改装表的读数相对于标准表的偏小，应如何调整改装表的分压内阻的阻值，才能达到标准表的读数？

【实验心得或建议】

【原始数据记录】

半偏法测量微安表内阻 R_g = ____________Ω。

替代法测量微安表内阻 R_g = ____________Ω。

改装后电表校准数据如下：

表头内阻 R_g：_________分流电阻理论值 R_s：_________分流电阻实验值 R_s'：_________

改装表读数 I_0/mA	1.00	2.00	3.00	4.00	5.00	6.00	7.00	8.00	9.00	10.00
标准表读数 I_1/mA										
标准表读数 I_2/mA										
$\overline{I}=\frac{I_1+I_2}{2}$										
$\Delta I=\overline{I}-I_0$										

教师签名____________

日　　期____________

实验报告 11 分光计的调整和使用

<table>
<tr><td>实验名称</td><td colspan="4">分光计的调整和使用</td></tr>
<tr><td>班　　级</td><td></td><td colspan="2">实验日期</td><td></td></tr>
<tr><td>学　　号</td><td></td><td rowspan="4">实验成绩</td><td>预习成绩</td><td></td></tr>
<tr><td>姓　　名</td><td></td><td>操作成绩</td><td></td></tr>
<tr><td>实验组号</td><td></td><td>报告成绩</td><td></td></tr>
<tr><td>任课教师</td><td></td><td>总评成绩</td><td></td></tr>
</table>

【实验目的】

1. 了解分光计的结构及基本原理，学习分光计的调节技术。
2. 学习用反射法测量三棱镜的顶角。

【实验原理】

1. 简述分光计的组成部件。

2. 分光计的调整。(写出分光计调整要求；画出望远镜光路图，简述其调整要求；画出平行光管光路图，简述其调整要求。)

3. 反射法测量三棱镜顶角。(画出光路图，给出测量公式。)

【实验仪器】(写明仪器型号、规格、精度。)

【注意事项】

【实验内容及步骤】

【数据处理与结果】(整理数据表格，计算三棱镜顶角以及不确定度和相对不确定度，写出结果表达式。)

【结果讨论与误差分析】(将测量结果与标准值比较，分析产生实验误差的原因。)

【分析讨论题】

1. 用反射法测量三棱镜顶角时，为什么三棱镜的顶角要离平行光管远一些？
2. 为什么用视差法能够判断物和像在同一平面？

【实验心得或建议】

【原始数据记录】

反射法测三棱镜顶角，$\alpha=\frac{1}{4}(|\varphi_2-\varphi_1|+|\varphi'_2-\varphi'_1|)$。

次数	望远镜位置 I		望远镜位置 II		α	$\overline{\alpha}$
	φ_1	φ'_1	φ_2	φ'_2		
1						
2						
3						
4						
5						

教师签名____________

日　　期____________

实验报告 12　用拉伸法测量金属丝的杨氏弹性模量

<table>
<tr><td>实验名称</td><td colspan="4">用拉伸法测量金属丝的杨氏弹性模量</td></tr>
<tr><td>班　　级</td><td></td><td colspan="2">实验日期</td><td></td></tr>
<tr><td>学　　号</td><td></td><td rowspan="4">实验成绩</td><td>预习成绩</td><td></td></tr>
<tr><td>姓　　名</td><td></td><td>操作成绩</td><td></td></tr>
<tr><td>实验组号</td><td></td><td>报告成绩</td><td></td></tr>
<tr><td>任课教师</td><td></td><td>总评成绩</td><td></td></tr>
</table>

【实验目的】

1. 学习用静态拉伸法测量金属丝的杨氏模量。
2. 掌握光杠杆镜尺法测量微小长度的原理和方法。
3. 学习用逐差法和作图法处理数据。

【实验原理】

1. 杨氏模量是描述固体材料__________的重要物理量，它反映了材料__________和________的关系，是工程技术中用于选择机械构件材料的依据，是科学家________提出。

2. 杨氏模量的定义。(简述杨氏模量的定义及写出其基本公式。)

3. 光杠杆放大原理。(画出光杠杆放大原理示意图，并推导微小量 ΔL 的公式、光杠杆放大倍数。)

4. 杨氏模量的公式。

【实验仪器】(写明仪器型号、规格、精度。)

【注意事项】

【实验内容及步骤】(根据实验要求简述实验内容、实验步骤，并说明测量各物理量的工具。)

【数据处理与结果】(整理数据表格，用逐差法处理 Δx，计算杨氏模量，并用误差传递公式求出杨氏模量的不确定度和相对不确定度，写出结果表达式。)

【结果讨论与误差分析】(对结果进行讨论分析，根据各直接测量量的相对不确定度分析实验误差的主要来源。)

【分析讨论题】

1. 在本实验中哪一个物理量的测量误差对结果影响最大？如何改进？
2. 本实验是否可用作图法求杨氏模量？如果可以，应该怎样处理？

【实验心得或建议】

【原始数据记录】

标尺到反射镜镜面距离：$D=$ __________cm，$U_D=$ __________cm。
钢丝长度：$L=$ __________cm，$U_L=$ __________cm。
光杠杆常数：$b=$ __________cm，$U_b=$ __________cm。

1. 金属丝直径测量数据。

测量部位	上			中			下		
次数	1	2	3	4	5	6	7	8	9
d_i/mm									

2. 金属丝伸长量的测量数据。

砝码 m/kg	1	2	3	4	5	6	7	8	9
荷重增加 X'_i/cm									
荷重减小 X''_i/cm									
$X_i=(X'_i+X''_i)/2$									
$\Delta X_i=\Delta X_{i+4}-X_i$/cm									
$\overline{\Delta X}=\frac{1}{n}\sum\Delta X_i$/cm									

3. 光杠杆三足印迹。

教师签名__________
日　　期__________

实验报告 13　硅光电池的特性及其应用

<table>
<tr><td>实验名称</td><td colspan="4">硅光电池的特性及其应用</td></tr>
<tr><td>班　　级</td><td></td><td colspan="2">实验日期</td><td></td></tr>
<tr><td>学　　号</td><td></td><td rowspan="4">实验成绩</td><td>预习成绩</td><td></td></tr>
<tr><td>姓　　名</td><td></td><td>操作成绩</td><td></td></tr>
<tr><td>实验组号</td><td></td><td>报告成绩</td><td></td></tr>
<tr><td>任课教师</td><td></td><td>总评成绩</td><td></td></tr>
</table>

【实验目的】

1. 初步了解硅光电池机理。
2. 测量硅光电池开路电动势、短路电流、内阻和光强之间的关系。
3. 在恒定光照下测量光电流、输出功率与负载之间的关系。

【实验原理】

1. 硅光电池是一种根据____________效应制成的光电转换元件，它不需要外加电源就能将光能转换成__________，在光电技术、__________、__________、__________等领域有广泛应用。

2. 根据光伏效应结构示意图(图 13-1)，简述光生伏特效应工作原理。

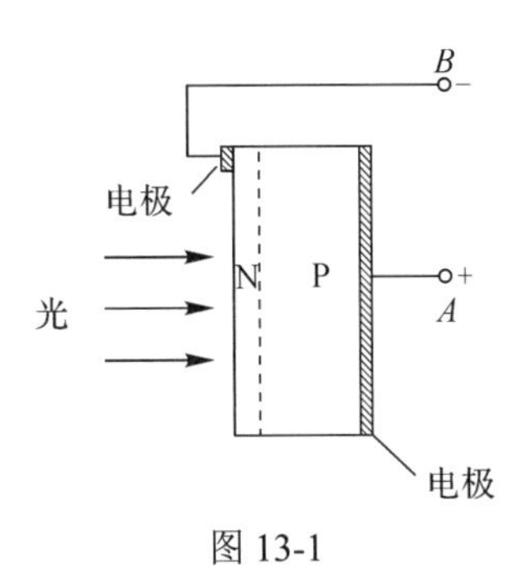

图 13-1

3. FF 是表征硅光电池性能优劣的指标，称为__________。FF 越大，硅光电池的转换效率__________。

$$FF = \frac{P_m}{U_{OC} I_{SC}}$$

其中，U_{OC} 是____________，I_{SC} 是____________，P_m 是____________。

【实验仪器】(写明仪器型号、规格、精度。)

【注意事项】

【实验内容及步骤】

【数据处理与结果】(整理数据表格，绘制曲线图，定性分析各个物理参数之间的关系。)

【结果讨论与误差分析】(分析实验曲线是否和理论曲线相符，分析产生误差的原因。)

【分析讨论题】

1. 开路电压 U_{OC}、短路电流 I_{SC} 如何随光强而变化？为什么开路电压 U_{OC}(硅)的最大值不超过 0.6 V？你能设想如何实现高电压大电流的阳光发电方案吗？

2. 测量 I_{SC} 时，若 I_G 不为零，如何根据 I_G 的正、负号，确定增减 R 阻值？如 I_G 为负是加大 R 还是减小 R？

【实验心得或建议】

【原始数据记录】

1. 开路电压 U_{OC} 的测量数据。

I_D	U_{OC}/mV		
	红光	绿光	蓝光
0			
5			
10			
15			
20			
40			
60			
80			
100			
120			
140			
160			
180			
200			
300			
400			
500			
600			
700			
800			
900			
1000			
1200			
1400			

2. 短路电流 I_{SC} 的测量数据。

I_D	R/kΩ	I_{SC}/μA
100		
200		
300		
400		
500		
600		
700		
800		
900		
1000		

3. 硅光电池内阻 R_I 与光照强度 I_D 的关系测量数据。

I_D	U_{OC}/mV	I_{SC}/μA	R_I/kΩ
100			
200			
300			
400			
500			
600			
700			
800			
900			
1000			

4. 流过负载电流 I_L 与负载两端电压 U_L 的测量数据。

R_L/kΩ	$R = R_L + R^*$/kΩ	I_L/μA	$U_L = I_L \times (R_L+R^*)$/mV	$P = U_L \times I_L$/μW
0				
5				
10				
15				
20				
25				
30				
40				
50				
60				
70				
80				
100				
150				
200				
250				
300				
400				
500				
600				
700				
800				
900				

教师签名____________

日　　期____________

实验报告 14　声速的测定

<table>
<tr><td>实验名称</td><td colspan="4">声速的测定</td></tr>
<tr><td>班　　级</td><td></td><td colspan="2">实验日期</td><td></td></tr>
<tr><td>学　　号</td><td></td><td rowspan="4">实验成绩</td><td>预习成绩</td><td></td></tr>
<tr><td>姓　　名</td><td></td><td>操作成绩</td><td></td></tr>
<tr><td>实验组号</td><td></td><td>报告成绩</td><td></td></tr>
<tr><td>任课教师</td><td></td><td>总评成绩</td><td></td></tr>
</table>

【实验目的】

1. 了解压电换能器的功能，熟悉信号源和示波器的使用。

2. 掌握两种声速测量的原理，加深对驻波及振动合成理论的理解；学会测定超声波在空气中的传播速率。

【实验原理】

1. 声波是一种在______________中传播的机械波。从频率上区分，声音可分为声波、____________________和____________________，超声波的频率高于_________Hz，具有______________、______________、______________等优点，可用于______________、______________、______________、______________、______________等领域。本实验采用____________产生超声波。

2. 波速 v、波长 λ 和频率 f 之间存在关系________________________。测量超声波波长的常用方法有______________和______________。

3. 测量谐振频率 f 和波长 λ。(简述测量谐振频率 f 方法，推导驻波法、相位法测量波长的公式。)

【实验仪器】(写明仪器型号、规格、精度。)

【注意事项】

【实验内容及步骤】(根据实验要求简述实验内容及步骤。)

【数据处理与结果】(整理数据表格，对两种测量方法分别计算结果和不确定度，并与理论值比较计算百分比误差，写出结果表达式。)

【结果讨论与误差分析】(根据计算结果和实验现象观察，分析两种方法的优劣及产生误差的原因。)

【分析讨论题】

1. 为什么要使用两个换能器且保持两个换能器表面平行?
2. 简述超声波在生活中的应用。

【实验心得或建议】

【原始数据表格】

1. 驻波法测波长数据。

室温 T = ______________℃。　　　谐振频率 f= ________________kHz。

次数 位移/mm	1	2	3	4	5	6	7	8	9	10
x_i										
$\Delta X_i = X_{i+5} - X_i$										
$\overline{\Delta X} = \frac{1}{5}\sum_{i=1}^{5}\Delta X_i$										

2. 相位法测波长数据。

室温 T= ______________℃。　　谐振频率 f= ________________kHz。

位移/mm \ 次数	1	2	3	4	5	6	7	8	9	10
x_i										
$\Delta X_i = X_{i+5} - X_i$										
$\overline{\Delta X} = \frac{1}{5}\sum_{i=1}^{5}\Delta X_i$										

教师签名____________

日　　期____________

实验报告 15　光电效应法测量普朗克常数

<table>
<tr><td>实验名称</td><td colspan="4">光电效应法测量普朗克常数</td></tr>
<tr><td>班　　级</td><td></td><td colspan="2">实验日期</td><td></td></tr>
<tr><td>学　　号</td><td></td><td rowspan="4">实验成绩</td><td>预习成绩</td><td></td></tr>
<tr><td>姓　　名</td><td></td><td>操作成绩</td><td></td></tr>
<tr><td>实验组号</td><td></td><td>报告成绩</td><td></td></tr>
<tr><td>任课教师</td><td></td><td>总评成绩</td><td></td></tr>
</table>

【实验目的】

1. 通过光电效应实验了解光的量子性。
2. 测量光电管的弱电流特性，找出不同频率下的遏止电压。
3. 验证爱因斯坦光电效应方程，并测定普朗克常量。

【实验原理】

1. 光电效应是指____。普朗克常数 h 是 1900 年普朗克为解决______________________时提出的__________假设中的一个普适常量。

2. 简述爱因斯坦的光量子假设如何解释光电效应实验现象，写出光电效应方程。

3. 图 15-1 为光电效应原理图，图中 S 为真空光电管，K 为________，A 为________，当用一频率大于阴极材料截止频率的光照射光电管时，回路中形成光电流，光电流随加速电压的增加而_________，当电压增加到一定量值后，光电流达到饱和。当频率一定时，饱和光电流与入射光强成_________。当 $U=U_A-U_K$ 变为负值时，光电流迅速________，直到 U_{AK} 负到一定量值时光电流恰好为 0，所对应的电压 U_A 为_________。

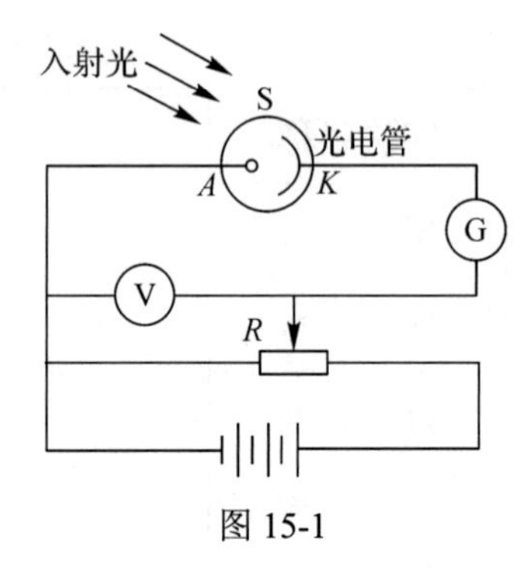

图 15-1

4. 简述截止电压与光电子最大初动能的关系，并结合光电效应方程推导出截止电压与入射光频率之间的关系式。

【实验仪器】

【注意事项】

【实验内容及步骤】(根据实验要求简述实验内容及步骤。)

【数据处理与结果】(整理数据表格，计算结果)

1. 作出 $\nu - U_s$ 的实验曲线图，拟合直线求出斜率 k，普朗克常数 $h = ek$，与公认值($h_0 = 6.626 \times 10^{-34}$ J · s)比较计算百分比误差。

2. 在同一幅图表中作出光通过三种不同光阑孔径照射到光电管时的电流特性曲线，对比分析光强的改变对光电流的影响。找到饱和光电流(近似值)的大小，验证其与光强的关系。

【结果讨论与误差分析】(分析所得普朗克常数的百分比误差与哪些因素有关；分析光电流特性曲线是否和理论曲线相符，说明产生误差的原因。)

【分析讨论题】

1. 光电管的阴极上涂有逸出功小的材料，而阳极上选择逸出功大的金属材料制造，为什么？

2. 实验中为什么会出现反向电流(或叫阳极电流)？它对实验结果的影响是什么？如何减小反向光电流？

【实验心得或建议】

【原始数据记录】

1. 确定截止电压，计算普朗克常数。

λ/nm	365.0	404.7	435.8	546.1	577.0
$\nu\times10^{14}$/ Hz	8.214	7.408	6.879	5.490	5.179
$\mid U_S \mid$ /V					

2. 验证饱和光电流与光强的关系。

(注：选择的波长填入表中，确定好的电流量程填入表内)

波长/nm			
光阑直径 Φ/mm	Φ2	Φ4	Φ8
电压 U/V	$I/10^{-11}$ A	$I/10^{-11}$ A	$I/10^{-10}$ A
−2			
0			
2			
4			
6			
8			
10			
12			
14			
16			
18			
20			
22			
24			
26			
28			
30			

教师签名＿＿＿＿＿＿＿＿

日　　期＿＿＿＿＿＿＿＿

实验报告 16 迈克尔逊干涉仪的调整和使用

<table>
<tr><td>实验名称</td><td colspan="4">迈克尔逊干涉仪的调整和使用</td></tr>
<tr><td>班　　级</td><td></td><td colspan="2">实验日期</td><td></td></tr>
<tr><td>学　　号</td><td></td><td rowspan="4">实验成绩</td><td>预习成绩</td><td></td></tr>
<tr><td>姓　　名</td><td></td><td>操作成绩</td><td></td></tr>
<tr><td>实验组号</td><td></td><td>报告成绩</td><td></td></tr>
<tr><td>任课教师</td><td></td><td>总评成绩</td><td></td></tr>
</table>

【实验目的】

1. 了解迈克尔逊干涉仪的光学结构及干涉原理，学习其调节和使用方法。
2. 学习一种测定光波波长的方法，加深对等倾干涉的理解。
3. 用逐差法处理实验数据。

【实验原理】

1. 画出迈克尔逊干涉仪的光路原理图，简述其产生等倾干涉的原理，给出产生等倾干涉和等厚干涉的条件。

2. 迈克尔逊干涉光路中补偿板的作用是________________________________。实验过程中应使可动镜和固定镜到分光板的距离________，为此需要旋转_______调整可动镜在导轨的位置。

实验使用的迈克尔逊干涉仪采用蜗轮蜗杆传动系统，在测量的过程中如果来回旋转微调手轮会产生___________误差，所以只能___________转动微调手轮。迈克尔逊干涉仪可动镜位置的读数由___________、___________和___________三部分读数相加组成，这三部分的每一小格代表的最小刻度分别是______mm、_______mm 和_______mm，其中只有___________部分的读数需要估读一位，所以如果以 mm 为单位，其读数应保留到小数点后第______位。

3. 写出测量氦氖激光波长的公式，并说明公式中每个物理量的意义及其测量方法。

【实验仪器】(写明仪器型号、规格、精度。)

【注意事项】

【实验步骤】

【数据处理与结果】(整理数据表格，计算结果和不确定度，写出结果表达式。)

【结果讨论与误差分析】(根据不确定度分析实验误差的主要原因，提出减小实验误差的措施。)

【分析讨论题】

1. 为什么 G_1M_1 和 G_1M_2 之间的距离不同会影响到干涉条纹的疏密和清晰度？
2. 实验产生的等倾干涉条纹与牛顿环有何不同？

【实验心得或建议】

【原始数据记录】

迈克尔逊干涉仪的调整和使用数据表如下。

次数 i	0	1	2	3	4	5	6	7	8	9	10
环数 N											
d_i/mm											
$\Delta d_i = \dfrac{d_{i+5} - d_i}{5}$ /mm											

教师签名____________

日　　期____________

实验报告 17 单缝和双缝衍射的光强分布

<table>
<tr><td>实验名称</td><td colspan="4">单缝和双缝衍射的光强分布</td></tr>
<tr><td>班　　级</td><td></td><td colspan="2">实验日期</td><td></td></tr>
<tr><td>学　　号</td><td></td><td rowspan="4">实验成绩</td><td>预习成绩</td><td></td></tr>
<tr><td>姓　　名</td><td></td><td>操作成绩</td><td></td></tr>
<tr><td>实验组号</td><td></td><td>报告成绩</td><td></td></tr>
<tr><td>任课教师</td><td></td><td>总评成绩</td><td></td></tr>
</table>

【实验目的】

1. 通过对夫琅禾费单缝和双缝衍射的光强分布曲线的制作，加深对光的衍射现象和理论的理解。

2. 学习光强分布的光电测量方法。

【实验原理】

1. 简述衍射的分类，画出夫琅禾费衍射光路图，说明如何在实验中满足夫琅禾费衍射的条件。

2. 写出单缝夫琅禾费衍射光强分布公式，说明单缝夫琅禾费衍射图样的分布特点和光强分布特点，画出单缝夫琅禾费衍射的光强分布图；简述如何在实验中测量光强分布。

3. 描述如何通过单缝夫琅禾费衍射实验测量单缝缝宽，导出测量公式。

*4. 简述双缝夫琅禾费衍射图样分布的特点。

【实验仪器】(写明仪器型号、规格、精度。)

【注意事项】

【实验内容及步骤】(根据实验要求简述实验内容及步骤。)

【数据处理与结果】(整理数据表格，计算结果和不确定度，写出结果表达式。)

(在坐标纸上作出相对光强与位置 x 的关系曲线，即衍射光强分布曲线，求出各极大值相对光强与理论值的百分比误差；从光强分布图中求出暗纹位置，算出单缝缝宽并和用读数显微镜测出的缝宽比较。)

【结果讨论与误差分析】(根据计算所得相对光强百分比误差，分析产生误差的原因；从缝宽的测量结果中对两种测量方法进行比较。)

【分析讨论题】

1. 当缝宽增加一倍时，衍射图样的光强和条纹宽度将会怎样改变? 如缝宽减半，又怎样改变?

2. 如果是白光入射，衍射条纹的分布如何?

【实验心得或建议】

【原始数据记录】

1. 夫琅禾费单缝衍射的光强分布数据。

位置 x/cm								
W/mJ								
W/W_0								
位置 x/cm								
W/mJ								
W/W_0								
位置 x/cm								
W/mJ								
W/W_0								
位置 x/cm								
W/mJ								
W/W_0								
位置 x/cm								
W/mJ								
W/W_0								

衍射明纹级数	−2	−1	0	+1	+2
相对光强实验值					
相对光强理论值					
百分比误差%					

2. 狭缝宽度的测量。

① 狭缝到光电探头距离 $D=$ ________________ cm。

② 光强分布图中暗纹间距：±1 级间距 $2X_1=$ ____________________ cm；±2 级间距 $2X_2=$ __________________ cm；±3 级间距 $2X_3=$ __________________ cm。

③ 读数显微镜测得狭缝宽度 $a=$ __________ cm。

教师签名____________

日　　期____________

实验报告 18　RC 串联电路的稳态特性

实验名称	RC 串联电路的稳态特性		
班　　级		实验日期	
学　　号		实验成绩	预习成绩	
姓　　名			操作成绩	
实验组号			报告成绩	
任课教师			总评成绩	

【实验目的】

1. 观测 RC 串联电路的幅频特性和相频特性。
2. 学习用双踪法和李萨如图形法测相位差。

【实验原理】

一、RC 串联电路的稳态特性

RC 串联电路的稳态过程是指____。RC 串联电路的稳态特性包括幅频特性和相频特性。幅频特性是指____；相频特性是指____。

1. RC 串联电路如图 18-1 所示。根据电路的特点导出电阻端输出和电容端输出的幅频特性公式，并画出幅频特性曲线。

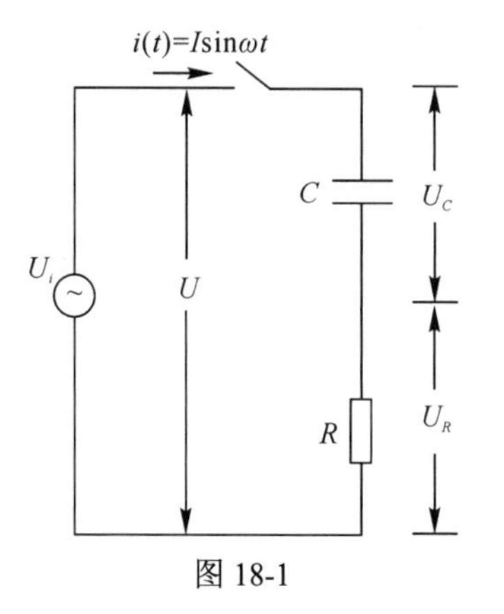

图 18-1

2. 画出输出电压和输入电压之间的相位关系图，写出电容端输出的相频特性公式，并画出电容端输出的相频特性曲线。

3. 时间常数 $\tau = RC$ 是反映________________________________的物理量，R 是________________________。(说明如何根据相频特性求时间常数 τ。)

二、相位差的测量方法

1. 双踪法是将________________同时显示在示波器上，从而求出相位差，示波器上显示如图 18-2 所示。(写出相位差公式并说明公式中各量的物理意义。)

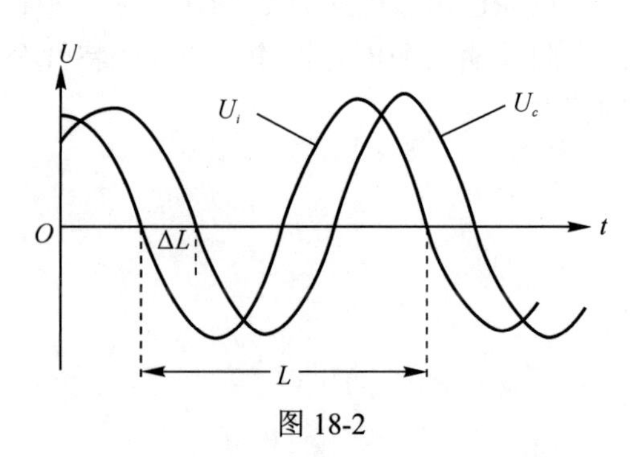

图 18-2

2. 将 U_c 和 U_i 分别输入示波器的_______和_______轴，示波器显示模式调整为 Y-T 模式，这时在示波器上显示如图 18-3 所示。(写出相位差公式并说明公式中各量的物理意义。)

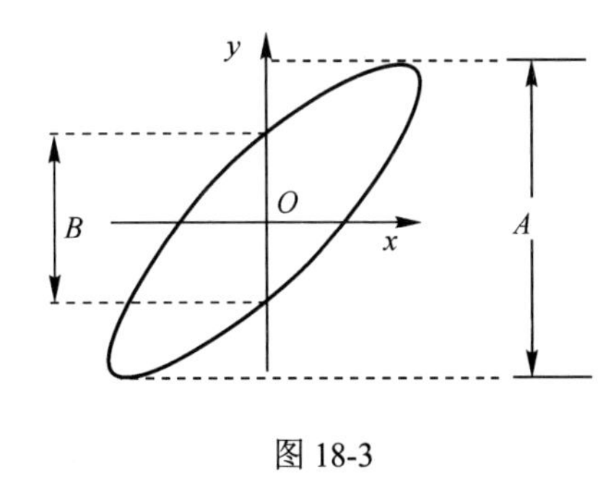

图 18-3

【实验仪器】(写明仪器型号、规格、精度。)

【注意事项】

【实验内容及步骤】(根据实验要求简述实验内容及步骤。)

【数据处理与结果】(整理数据表格，计算结果和不确定度，写出结果表达式。)

(在坐标纸上画出 RC 串联电路的幅频特性和相频特性；用作图法求出时间常数 τ，并和 $\tau=RC$ 比较，算出百分比误差，可用电脑作图。)

【结果讨论与误差分析】(实验所得幅频特性和相频特性曲线与理论曲线是否吻合，分析影响实验结果的原因。分析作图求得的时间常数 τ 和 $\tau = RC$ 相差较大的原因。)

【分析讨论题】

1. 什么是 RC 串联电路的稳态过程？其电容端和电阻端的输出电压有什么关系？
2. 测量 RC 串联电路幅频特性，电容端输出和电阻端输出的电路连线有什么区别？

【实验心得或建议】

【原始数据记录】

1. RC 串联电路的幅频特性测量数据如下。

$R=1.5\ \text{k}\Omega$，$C=0.01\ \mu\text{F}$　表中 U_{cpp} 是数字式示波器峰峰值，U_{rms} 是有效值														
f/kHz	0.50	1.00	2.00	3.00	5.00	7.00	9.00	11.00	13.00	15.00	18.00	22.00	26.00	30.00
U_{cpp}/V														
U_{rms}/V														

2. 双踪法测 RC 串联电路的相频特性测量数据如下。

$R=1.5\ \text{k}\Omega$，C=0.01μF　表中 ΔT 是两个信号达到同一相位时的时间差，T 为信号周期														
f/kHz	0.50	1.00	2.00	3.00	5.00	7.00	9.00	11.00	13.00	15.00	18.00	22.00	26.00	30.00
ΔT/s														
T/s														
ϕ/rad														
tan ϕ														

3. 李萨如图形法测 RC 串联电路的相频特性测量数据如下。

$R=1.5\ \text{k}\Omega$，$C=0.01\ \mu\text{F}$　表中 A、B 分别是椭圆在 Y 轴上的投影和截距														
f/kHz	0.50	1.00	2.00	3.00	5.00	7.00	9.00	11.00	13.00	15.00	18.00	22.00	26.00	30.00
A/V														
B/V														
ϕ/rad														
tanϕ														

教师签名____________

日　　期____________

实验报告 19　光栅特性的研究

<table>
<tr><td>实验名称</td><td colspan="4">光栅特性的研究</td></tr>
<tr><td>班　　级</td><td></td><td colspan="2">实验日期</td><td></td></tr>
<tr><td>学　　号</td><td></td><td rowspan="4">实验成绩</td><td>预习成绩</td><td></td></tr>
<tr><td>姓　　名</td><td></td><td>操作成绩</td><td></td></tr>
<tr><td>实验组号</td><td></td><td>报告成绩</td><td></td></tr>
<tr><td>任课教师</td><td></td><td>总评成绩</td><td></td></tr>
</table>

【实验目的】

1. 学习如何选择实验方法测定光学元件特性参量。
2. 学习如何通过实验加深对理论规律的理解。

【实验原理】

1. 光栅是一种重要的分光元件，由一组数目较多的________、________、________的狭缝组成，通常用于研究________________________。光栅按其结构分为____________、____________和____________；按衍射条件分为____________和____________。

2. 查阅文献资料，画图示意光栅常量 d。

3. 根据夫琅禾费衍射理论，简述给定波长测光栅常量 d 的方法。

4. 推导测量光栅的角色散率 ψ 和分辨本领 R 的公式，简述测量方法。(提示：测量汞灯光谱中双黄线波长。)

【实验仪器】(写明仪器型号、规格、精度。)

【注意事项】

【实验内容及步骤】(根据实验要求简述实验内容、实验步骤，简述分光计的调整要求。)

【数据处理与结果】(已知绿光波长求光栅常量，并计算其不确定度和相对不确定度；计算双黄线波长，确定光栅的角色散率以及分辨本领。)

【结果讨论与误差分析】(将实验测量结果与理论值比较，分析产生误差的原因。)

【分析讨论题】

1. 用光栅方程式进行测量的条件是什么？实验中如何来实现这些条件？
2. 当狭缝太宽或太窄时将会出现什么现象？

【实验心得或建议】

【原始数据记录】

测量汞灯谱线的衍射角 $\theta=\dfrac{1}{4}\left[(|\varphi_{+1}-\varphi_{-1}|)+(|\varphi'_{+1}-\varphi'_{-1}|)\right]$。

谱线	次数	望远镜位置($k=-1$)		望远镜位置($k=+1$)		θ	$\overline{\theta}$
		φ_{-1}	φ'_{-1}	φ_{+1}	φ'_{+1}		
绿色	1						
	2						
	3						
紫色	1						
内黄	1						
外黄	1						

教师签名____________

日　　期____________

实验报告 20　电势差计校准电流表

<table>
<tr><td>实验名称</td><td colspan="4">电势差计校准电流表</td></tr>
<tr><td>班　　级</td><td></td><td colspan="2">实验日期</td><td></td></tr>
<tr><td>学　　号</td><td></td><td rowspan="4">实验成绩</td><td>预习成绩</td><td></td></tr>
<tr><td>姓　　名</td><td></td><td>操作成绩</td><td></td></tr>
<tr><td>实验组号</td><td></td><td>报告成绩</td><td></td></tr>
<tr><td>任课教师</td><td></td><td>总评成绩</td><td></td></tr>
</table>

【实验目的】

1. 简单测量电路的设计训练。
2. 加深对补偿原理的理解与运用。

【实验原理】

1. 简述电势差计的工作原理及其在测量中的作用。

2. 查阅文献资料，简述指针式电流表的工作原理。

3. 设计量程为 5 mA 电流表的校准电路，根据电势差计和被校表的量程，计算电路中的取样电阻 R_s 和限流电阻 R。UJ31 型电势差计的测量范围是 0～171.000 mV。

【实验仪器】(写明仪器型号、规格、精度。)

【注意事项】

【实验内容及步骤】(根据实验要求简述实验内容及步骤。)

【数据处理与结果】(整理数据表格，在坐标纸上画出校准曲线，也可用电脑作图，确定电流表的准确度等级。)

【结果讨论与误差分析】

【分析讨论题】

1. 在校准毫安表时，为什么要把电流从小到大、再从大到小各做一遍？如果两者结果完全一致说明什么问题？两者结果不一致，又说明什么问题？

2. 在电表校准时，电位差计必须先调节其工作电流，使它达到标准化后才能进行测量，这是为什么？

【实验心得或建议】

【原始数据记录】

电势差计校准毫安表数据如下。

取样电阻 R_s = ___________，室温__________，标准电池电动势_________

被校表读数 I/mA	0.50	1.00	1.50	2.00	2.50	3.00	3.50	4.00	4.50	5.00
电势差计读数 U_s/mV										
电势差计读数 U_s'/mV										
$\overline{I_s} = \dfrac{U_s + U_s}{2R_s}$ / mV										
$\Delta I = \overline{I_s} - I$ / mV										

教师签名___________

日　　期___________

实验报告 21　单摆测重力加速度

<table>
<tr><td>实验名称</td><td colspan="4">单摆测重力加速度</td></tr>
<tr><td>班　　级</td><td></td><td colspan="2">实验日期</td><td></td></tr>
<tr><td>学　　号</td><td></td><td rowspan="5">实验成绩</td><td>预习成绩</td><td></td></tr>
<tr><td>姓　　名</td><td></td><td>操作成绩</td><td></td></tr>
<tr><td>实验组号</td><td></td><td>报告成绩</td><td></td></tr>
<tr><td>任课教师</td><td></td><td>总评成绩</td><td></td></tr>
</table>

【实验目的】

1. 掌握用单摆测重力加速度的方法。
2. 研究单摆的周期与单摆的摆长、摆动角度之间的关系。
3. 练习数据处理。

【实验原理】

1. 理想化的单摆是指____，其周期大小与____________有关。

2. 图 21-1 所示的单摆，其摆线长度为 l_0，小球直径为 D，则摆线的长度为 $L =$ ______________。

3. 用单摆测重力加速度 g(在摆角 $\theta<5^\circ$ 的情况下写出公式)。

图 21-1

4. 累积放大法测周期 $T = t/n$。(若用摆长约 70 cm 的单摆测量 g 值，要求相对不确定度不大于 1%，根据实验误差均分原理，估算连续摆动次数 n 的值。)

【实验仪器】(写明仪器型号、规格、精度。)

【注意事项】

【实验内容及步骤】(根据实验具体要求写出实验内容及步骤。)

【数据处理与结果】(整理数据表格，计算结果和不确定度，写出结果表达式；用图解法求结果。)

【结果讨论与误差分析】(对比实验所得结果与理论值是否吻合，分析影响实验结果的原因。)

【分析讨论题】

1. 单摆在摆动中受空气阻力的影响，摆幅会越来越小，试问它的周期是否会变化？请根据实验观察进行回答，并说明理论依据。

2. 用秒表测量单摆摆动一个周期的时间 T 和摆动 50 个周期的时间 t,试分析两者的测量不确定度是否相近，相对不确定度是否相近，从中有何启示。

【实验心得或建议】

【原始数据记录】

1. 摆长固定(约 80 cm)，重复测量线长 l_0、小球直径 D 和周期 T，数据记录如下。

名称 次数	线长 l_0 /cm	小球直径 D/cm	nT/s
1			
2			
3			
4			
5			
6			
平均值			

2. 研究周期 T 与摆长 L 的关系，用作图法求 g 值，数据记录如下。

名称 次数	摆线长度 L/cm	nT/s	T/s	T^2/s^2
1	70.0			
2	80.0			
3	90.0			
4	100.0			
5	110.0			

教师签名____________

日　　期____________

实验报告 22　数字万用表的使用

<table>
<tr><td>实验名称</td><td colspan="3">数字万用表的使用</td></tr>
<tr><td>班　　级</td><td></td><td colspan="2">实验日期</td><td></td></tr>
<tr><td>学　　号</td><td></td><td rowspan="4">实验成绩</td><td>预习成绩</td><td></td></tr>
<tr><td>姓　　名</td><td></td><td>操作成绩</td><td></td></tr>
<tr><td>实验组号</td><td></td><td>报告成绩</td><td></td></tr>
<tr><td>任课教师</td><td></td><td>总评成绩</td><td></td></tr>
</table>

【实验目的】

1. 了解数字万用表的特点和基本性能指标。
2. 学习使用数字万用表测量常见电子元件和电学量的方法。
3. 学会使用数字万用表检测电路故障。

【实验原理】

1. 常用电表可分为＿＿＿＿＿＿＿和＿＿＿＿＿＿＿＿两类。

2. 数字式万用表功能强、量程多，其基本原理是以＿＿＿＿＿的最小量程为基础，通过＿＿＿＿＿＿转换器、＿＿＿＿＿＿转换器、＿＿＿＿＿＿转换器等把被测量转换成＿＿＿＿＿进行测量。

3. 简述使用数字万用表测量直流电压、直流电流、电阻、电容、二极管的方法。

4. 伏安法测电阻，画出测量电路，简述测量原理。

【实验仪器】(写明仪器型号、规格、精度。)

【注意事项】

【实验内容及步骤】(根据实验要求简述实验内容及步骤。)

【数据处理与结果】(列表整理数字万用表各功能挡及测量结果；伏安法测电阻采用作图法求解。)

【结果讨论与误差分析】(分析影响实验结果的原因。)

【分析讨论题】

1. 为什么不宜用数字万用表的电阻挡测干电池的内阻？

2. 使用数字万用表的直流电压 2 V 量程挡测量直流电压，测量值约为 1.5 V，测量误差为多少？若测量值约为 0.15 V，测量误差是多少？如果换用 200 mV 量程测量 0.15 V，测量误差是多少？

【实验心得或建议】

【原始数据记录】

1. 测量常见电子元件，记录于下表。

数字万用表 \ 电子元件	功能开关	量程挡位	实验现象及测量结果
干电池			
电阻			
二极管			
稳压二极管			
电容			

2. 伏安法测电阻，数据记录于下表。

I/mA								
U/V								

教师签名____________

日　　期____________

实验报告 23　液体表面张力系数的测量

<table>
<tr><td>实验名称</td><td colspan="4">液体表面张力系数的测量</td></tr>
<tr><td>班　　级</td><td></td><td colspan="2">实验日期</td><td></td></tr>
<tr><td>学　　号</td><td></td><td rowspan="5">实验成绩</td><td>预习成绩</td><td></td></tr>
<tr><td>姓　　名</td><td></td><td>操作成绩</td><td></td></tr>
<tr><td>实验组号</td><td></td><td>报告成绩</td><td></td></tr>
<tr><td>任课教师</td><td></td><td>总评成绩</td><td></td></tr>
</table>

【实验目的】

1. 了解液体表面的性质。

2. 观察拉脱法测液体表面张力的物理过程和物理现象，并用物理学基本概念和定律进行分析和研究，加深对物理规律的认识。

3. 掌握用拉脱法测定纯水的表面张力系数及用逐差法处理数据。

【实验原理】

1. 简述表面张力的定义。

2. 简述测量弹簧劲度系数 k 的方法。

3. 简述测量液体表面张力系数的原理并推导结论公式。

【实验仪器】(写明仪器型号、规格、精度。)

【注意事项】

【实验内容及步骤】

【数据处理与结果】(整理数据表格，计算结果和不确定度，写出结果表达式。)

用逐差法计算弹簧伸长量，求出弹簧劲度系数 k。计算弹簧伸长的不确定度和相对不确定度，并用误差传递公式求出液体表面张力系数的不确定度和相对不确定度。

【结果讨论与误差分析】(对比测量结果与理论值，分析产生实验误差的原因。)

【分析讨论题】

1. 为什么要采用“三线对齐”的方法来测量？两线对齐可以吗？
2. 如何测量弹簧的劲度系数？

【实验心得或建议】

【原始数据记录】

1. 焦利称的标定(弹簧劲度系数 k 的测量)测量数据记录于下表。

砝码/g	荷重增加 x'_i /cm	荷重减小 x''_i /cm	$x_i=\frac{(x'_i+x''_i)}{2}$ /cm	$\Delta x_i=x_{i+4}-x_i$ /cm	$\Delta x=\frac{1}{n}\sum\Delta x_i$ /cm
0.000					
1.000					
2.000					
3.000					
4.000					
5.000					
6.000					
7.000					

2. 圆环内径、外径的测量数据记录于下表。

mm

次数	1	2	3	4	5	平均值
D_1						
D_2						

3. 液体表面张力测量数据记录于下表。

cm

次数	1	2	3	4	5	平均值
S_0						
S_1						
$\Delta S=S_1-S_0$						

教师签名____________

日　　期____________

实验报告 24　液体黏度系数的测量

<table>
<tr><td>实验名称</td><td colspan="4">液体黏度系数的测量</td></tr>
<tr><td>班　　级</td><td></td><td colspan="2">实验日期</td><td></td></tr>
<tr><td>学　　号</td><td></td><td rowspan="5">实验成绩</td><td>预习成绩</td><td></td></tr>
<tr><td>姓　　名</td><td></td><td>操作成绩</td><td></td></tr>
<tr><td>实验组号</td><td></td><td>报告成绩</td><td></td></tr>
<tr><td>任课教师</td><td></td><td>总评成绩</td><td></td></tr>
</table>

【实验目的】

1. 观察液体的内磨擦现象，了解小球在液体中下落的运动规律。
2. 学会用落体法测量液体的黏度。
3. 学会用秒表测量小球在液体中下落的时间。

【实验原理】

1. 请说明什么是黏性力，并写出实验中小球所受黏性力表达式。

2. 小球在液体中运动过程受力分析：小球在液体中下落过程中受到______________、______________、______________三个力的作用，小球开始下降时，速度较小，相应的______________也较小，小球做__________运动；随着速度的增加，________________增大，最后球在液体中受到的三个力达到平衡，小球做匀速运动，此时的速度称之为_______________。

3. 请说明下列公式中每个物理量分别表示什么，在实验过程中如何进行测量。

$$\eta=\frac{(\rho-\rho_0)gd^2}{18v_0\left(1+K\frac{d}{D}\right)}$$

【实验仪器】(写明仪器型号、规格、精度。)

【注意事项】

【实验内容及步骤】(根据实验要求简述实验内容及步骤。)

【数据处理与结果】(整理数据表格，计算结果和不确定度，写出结果表达式。)

【结果讨论与误差分析】(分析视差、小球偏离中心轴线等原因对实验结果的影响。)

【分析讨论题】

1. 小球在黏性液体中下落的时间为什么不从液面开始计时，而要离开液面一定的距离才开始计时？

2. 在特定的液体中，当小球的半径减小时，它下降的收尾速度如何变化？当小球的密度增大时，又如何变化？

【实验心得或建议】

【原始数据记录】

室　　温 T = ________；重力加速度 g = ________；

小球密度 ρ = ________；液体密度 ρ_0 = ________；

修正系数 K = ________。

1. 小球直径和玻璃容器内径测量数据记录如下。

测量内容＼次数		1	2	3	4	5	平均值
小球 d/mm	球 1						
	球 2						
	球 3						
D/mm	玻璃容器						

2. 小球下落距离 L = ________cm，下落时间记录于下表。

测量内容＼次数		1	2	3	4	5	平均值
t/s	球 1						
	球 2						
	球 3						

教师签名________

日　　期________

实验报告 25　固定均匀弦振动的研究

<table>
<tr><td>实验名称</td><td colspan="4">固定均匀弦振动的研究</td></tr>
<tr><td>班　　级</td><td></td><td colspan="2">实验日期</td><td></td></tr>
<tr><td>学　　号</td><td></td><td rowspan="4">实验成绩</td><td>预习成绩</td><td></td></tr>
<tr><td>姓　　名</td><td></td><td>操作成绩</td><td></td></tr>
<tr><td>实验组号</td><td></td><td>报告成绩</td><td></td></tr>
<tr><td>任课教师</td><td></td><td>总评成绩</td><td></td></tr>
</table>

【实验目的】

1. 了解固定均匀弦振动传播的规律。
2. 观察固定弦振动传播时形成驻波的波形。
3. 测定均匀弦振动上横波传播的速度。

【实验原理】

1. 固定均匀弦振动的传播，实际上是两个振幅相同的____________在同一直线上沿相反方向传播的叠加，在一定条件下形成__________________。

2. 根据驻波形成示意图(图 25-1)，说明什么是驻波及其特点，列出波动方程，推导出波节与波腹的位置。

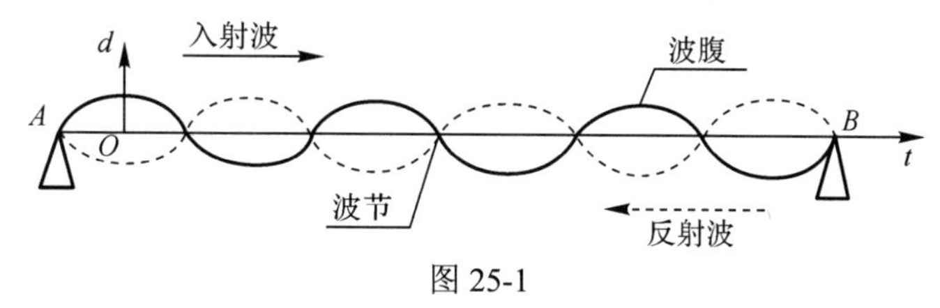

图 25-1

3. 固定均匀弦两端是用劈尖作为支柱的，因此两端点必为____________。只有当弦线的两个固定端之间距离(弦长)等于_________________________时，才能形成驻波。弦长与波长之间关系的数学表达式为___________________________。

4. 根据固定均匀弦振动驻波形成条件和弦线横波的传播速度公式推导弦线张力、频率、弦长、线密度之间的关系。

【实验仪器】(写明仪器型号、规格、精度。)

【注意事项】

【实验内容及步骤】(根据实验要求简述实验内容及步骤。)

【数据处理与结果】(整理数据表格，求出弦线的线密度及弦线上横波速度。)

【结果讨论与误差分析】(分析实验误差的主要来源，可以如何解决。)

【分析讨论题】

1. 除了波节和波腹外，驻波还有什么特征？
2. 当两劈尖 A、B 的间距不等于半波长的整数倍时，能否形成驻波？为什么？

【实验心得或建议】

【原始数据记录】

1. 测定弦线的线密度 ρ，数据记录于下表。

弦长 l / 驻波段	l_A/cm	l_B/cm	$l=l_B-l_A$/cm	线密度 ρ / (kg/m)
$n=1$				
$n=2$				
$n=3$				
$f=$ 　Hz；	$T=$ 　N；	$\bar{\rho}=$ 　kg/m		

2. 在频率 f 一定的条件下，改变张力 T 的大小，测量弦线上横波的传播速度 v_f。

砝码质量 /g	张力 $T=mg$ /N	$n=1$			$n=2$			$\bar{\lambda}$ /cm	$v_f=f\bar{\lambda}$ /(m/s)	$v=\sqrt{\frac{T}{\rho}}$ /(m/s)	$\Delta v=\lvert v-v_f\rvert$ /(m/s)	E /%
		l_{1A} /cm	l_{1B} /cm	l_1 /cm	l_{2A} /cm	l_{2B} /cm	l_2 /cm					
30.0												
35.0												
40.0												
45.0												
50.0												
55.0												
$f=$ 　Hz；	$\rho=$ 　kg/m											

3. 在张力 T 一定的条件下，改变频率 f，测量弦线上横波的传播速度 v_T。

频率 f /Hz	$n=1$			$n=2$			$\bar{\lambda}$ /cm	$v_T=f\bar{\lambda}$ /(m/s)	$v=\sqrt{\frac{T}{\rho}}$ /(m/s)	$\Delta v=\lvert v-v_T\rvert$ /(m/s)	E /%
	l_{1A} /cm	l_{1B} /cm	l_1 /cm	l_{2A} /cm	l_{2B} /cm	l_2 /cm					
50											
75											
100											
125											
150											
$T=$ 　N；	$\rho=$ 　kg/m										

教师签名____________

日　　期____________

实验报告 26　用波尔共振仪研究受迫振动

<table>
<tr><td>实验名称</td><td colspan="4">用波尔共振仪研究受迫振动</td></tr>
<tr><td>班　　级</td><td></td><td colspan="2">实验日期</td><td></td></tr>
<tr><td>学　　号</td><td></td><td rowspan="4">实验成绩</td><td>预习成绩</td><td></td></tr>
<tr><td>姓　　名</td><td></td><td>操作成绩</td><td></td></tr>
<tr><td>实验组号</td><td></td><td>报告成绩</td><td></td></tr>
<tr><td>任课教师</td><td></td><td>总评成绩</td><td></td></tr>
</table>

【实验目的】

1. 研究波尔共振仪中弹性摆轮受迫振动的幅频特性和相频特性。
2. 研究不同阻尼力矩对受迫振动的影响，观察共振现象。
3. 学习用频闪法测定相差的方法。

【实验原理】

1. 在物理学中，振动分__________、__________和__________。由__________所导致的共振现象既有破坏作用，也有很多利用价值，因此，研究受迫振动中的________和__________具有重要意义。

本实验的波尔共振仪采用摆轮在___________、___________和___________作用下测定受迫振动的___________特性和__________特性，并利用_________方法来测相差。

2. 简述波尔共振仪在弹性力矩、阻尼力矩及驱动力矩共同作用下的受迫振动，写出运动方程以及稳定振动状态时的振幅公式和相差公式。

3. 画出幅频特性和相频特性曲线，分析与哪些因素有关。

【实验仪器】(写明仪器型号、规格、精度。)

【注意事项】

【实验步骤】(根据实验具体要求写出实验内容及步骤。)

【数据处理与结果】(整理数据表格，计算阻尼系数，作幅频特性和相频特性关系曲线图；对实验现象和实验结果进行分析，得出结论。)

【结果讨论与误差分析】(结合实验现象及所测幅频、相频特性曲线分析受迫振动现象的特性，分析实验误差产生的原因。)

【分析讨论题】

1. 摆轮在摆动中受空气阻力的影响，摆幅会越来越小，试问它的周期是否会变化？请根据实验观察进行回答，并说明理论依据。

2. 受迫振动的振幅和相位与哪些因素有关？

【实验心得或建议】

【原始数据记录】

1. 测量摆轮振幅 θ 与系统固有周期 T_0 的关系，记录实验数据于下表。

振幅 θ/(°)	周期 T_0/s	振幅 θ/(°)	周期 T_0/s

2. 阻尼系数 β 的测量。

阻尼选择：__________(强、中、弱)，10T：__________s。

序号	振幅	序号	振幅	$\ln\frac{\theta_i}{\theta_{i+5}}$
θ_1		θ_6		
θ_2		θ_7		
θ_3		θ_8		
θ_4		θ_9		
θ_5		θ_{10}		

3. 幅频特性和相频特性的测量

阻尼选择：__________(强、中、弱)，阻尼系数 β：__________s^{-1}。

电机脉冲 /Hz	驱动力周期 T/s	振幅 θ/(°)	固有周期 T_0/s (查表 1)	相位差		$\frac{\omega}{\omega_0}=\frac{T_0}{T}$
				测量值 $\Phi_{测}$	理论值 $\Phi_{理}$	

教师签名____________

日　　期____________

实验报告 27　薄透镜焦距的测定

<table>
<tr><td>实验名称</td><td colspan="4">薄透镜焦距的测定</td></tr>
<tr><td>班　　级</td><td></td><td colspan="2">实验日期</td><td></td></tr>
<tr><td>学　　号</td><td></td><td rowspan="4">实验成绩</td><td>预习成绩</td><td></td></tr>
<tr><td>姓　　名</td><td></td><td>操作成绩</td><td></td></tr>
<tr><td>实验组号</td><td></td><td>报告成绩</td><td></td></tr>
<tr><td>任课教师</td><td></td><td>总评成绩</td><td></td></tr>
</table>

【实验目的】

1. 了解薄透镜的成像规律，学会测量透镜焦距的几种方法。
2. 掌握简单光路的分析和光学元件同轴等高的调节方法。
3. 熟悉光学实验的操作规则。

【实验原理】

1. 透镜可分为凸透镜和凹透镜两类，凸透镜使光线________，凹透镜使光线_______。在近轴光线条件下，薄透镜成像的高斯公式为：________________。

2. 凸透镜焦距测量。

(1) 画出自准法测量光路示意图，写出公式。

(2) 画出共轭法测量光路示意图，推导出公式。

3. 画出用辅助透镜法(成像法)凹透镜测量焦距的光路图，写出公式。

【实验仪器】(写明仪器型号、规格、精度。)

【注意事项】

【实验内容及步骤】(根据实验要求简述实验内容及步骤。)

【数据处理与结果】(列出数据表格，计算结果和不确定度，写出结果表达式。)

【结果讨论与误差分析】(对比实验所得结果是否与标称值相符，针对不同测量方法分析产生误差的原因。)

【分析讨论题】

1. 用物距像距法测凸透镜焦距时，试证明取物距 $S=2f$ 时测量的相对不确定度误差最小。

2. 用共轭法测凸透镜焦距时，为什么必须使 $D>4f$？试证明之。

【实验心得或建议】

【原始数据记录】

1. 自准法测凸透镜焦距，测量数据填于下表。

测量次数	物屏位置 A/cm	透镜位置 B/cm			焦距 $f=A-B$/cm
		左→右	右→左	平均	
1					
2					
3					
4					
5					

2. 共轭法测凸透镜焦距，测量数据填于下表。

测量次数	物屏 /cm	透镜位置 01/cm			透镜位置 02/cm			像屏 /cm	d /cm	D /cm	f /cm
		左→右	右→左	平均	左→右	右→左	平均				
1											
2											
3											
4											
5											

3. 成像法测凹透镜焦距，测量数据填于下表。

测量次数	物屏 /cm	凸透镜 /cm	像屏 $B1$ /cm	凹透镜 /cm	像屏 $B2$ /cm	物距 S /cm	像距 S' /cm	f /cm
1								
2								
3								
4								
5								

教师签名____________

日　　期____________

实验报告 28　光的等厚干涉——牛顿环、劈尖

<table>
<tr><td>实验名称</td><td colspan="4">光的等厚干涉——牛顿环、劈尖</td></tr>
<tr><td>班　　级</td><td></td><td colspan="2">实验日期</td><td></td></tr>
<tr><td>学　　号</td><td></td><td rowspan="4">实验成绩</td><td>预习成绩</td><td></td></tr>
<tr><td>姓　　名</td><td></td><td>操作成绩</td><td></td></tr>
<tr><td>实验组号</td><td></td><td>报告成绩</td><td></td></tr>
<tr><td>任课教师</td><td></td><td>总评成绩</td><td></td></tr>
</table>

【实验目的】

1. 观察和研究等厚干涉现象及其特点。
2. 学习用等厚干涉法测量平凸透镜曲率半径和微小厚度。
3. 掌握使用读数显微镜。

【实验原理】

1. 牛顿环是由一块曲率半径很大的平凸透镜放在一块光学平板玻璃上构成的(如图 28-1 所示)，在平凸透镜和平板玻璃之间形成__________，其厚度由中心到边缘____________。当平行单色光____________牛顿环时，经薄膜层上下表面反射的光在____________相遇产生干涉，其干涉图样是__________________________________。

光的等厚干涉实验证实了__________________。

2. 根据光的干涉原理和几何关系，推导出测透镜曲率半径的公式。

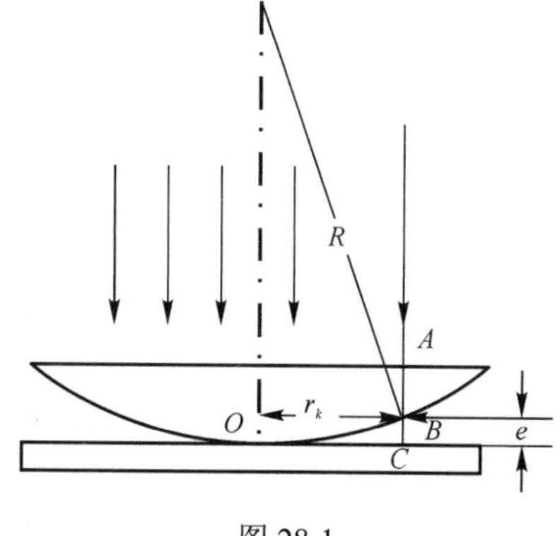

图 28-1

3. 劈尖干涉测量薄片厚度，画出光路图，写出公式，并说明各量的物理含义及测量方法。

【实验仪器】(写明仪器型号、规格、精度。)

【注意事项】

【实验内容及步骤】

【数据处理与结果】(列出数据表格，计算结果和不确定度，写出结果表达式。)

【结果讨论与误差分析】(根据不确定度分析实验误差的主要原因，提出减小实验误差的措施。)

【分析讨论题】

1. 在牛顿环实验中，假如平玻璃板上有微小的凸起，则凸起处空气薄膜的厚度减小，导致等厚干涉条纹发生畸变，试问这时的牛顿(暗)环将局部内凹还是局部外凸？为什么？

2. 在利用牛顿环现象测透镜曲率半径的实验中，若不是测牛顿环直径，而是测弦长是否可以？(即，证明 $D_{k+m}^2 - D_m^2 = S_{k+m}^2 - S_m^2$，其中 D 为牛顿(暗)环直径，S 为该牛顿(暗)环弦长，如图 28-2 所示。)

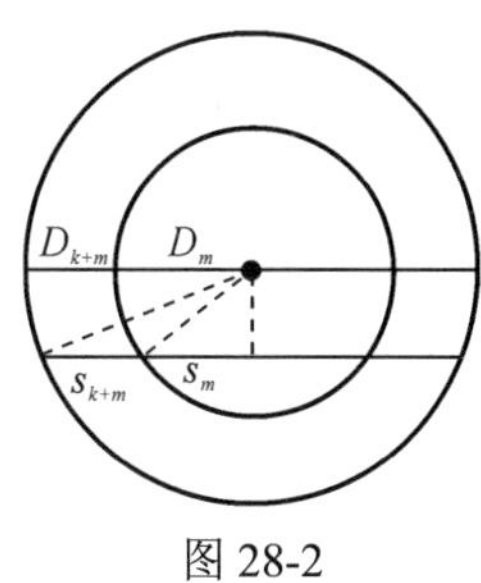

图 28-2

【实验心得或建议】

【原始数据记录】

1. 牛顿环实验数据填于下表。

级数	m_i	20	19	18	17	16
位置/mm	左					
	右					
直径/mm	D_{mi}					
级数	n_i	15	14	13	12	11
位置/mm	左					
	右					
直径/mm	D_{ni}					
直径平方差 /mm^2	$D_{m_i}^2 - D_{n_i}^2$					
透镜曲半径 /mm	$R_i = \dfrac{D_{m_i}^2 - D_{n_i}^2}{4(m-n)\lambda}$					

2. 劈尖测薄片厚度，数据填于下表。

次数	1	2	3	4	5	6
X_0/mm						
X_{10}/mm						
$\Delta X_i = X_{10} - X_0$ /mm						

接触棱边读数为________mm，薄片读数为________mm，劈尖长度 $L =$ ________mm。

教师签名____________

日　　期____________

实验报告 29　动力学的实验研究——磁悬浮实验

<table>
<tr><td>实验名称</td><td colspan="4">动力学的实验研究——磁悬浮实验</td></tr>
<tr><td>班　　级</td><td></td><td colspan="2">实验日期</td><td></td></tr>
<tr><td>学　　号</td><td></td><td rowspan="4">实验成绩</td><td>预习成绩</td><td></td></tr>
<tr><td>姓　　名</td><td></td><td>操作成绩</td><td></td></tr>
<tr><td>实验组号</td><td></td><td>报告成绩</td><td></td></tr>
<tr><td>任课教师</td><td></td><td>总评成绩</td><td></td></tr>
</table>

【实验目的】

1. 学习导轨的水平调整方法，熟悉磁悬导轨和智能速度加速度测试仪的调整和使用。
2. 学习利用作图法处理实验数据，掌握匀变速直线运动规律。
3. 测量重力加速度 g，学习消减系统误差的方法。
4. 探索牛顿第二定律，加深理解物体运动时所受外力与加速度的关系。
5. 探索动摩擦力与速度的关系。

【实验原理】

1. 简述瞬时速度的定义及测量方法。在图 29-1 中标出挡光条以图示方向运动时的位移 Δx。

v

小车挡光条

图 29-1

2. 写出匀变速直线运动(示意图见图 29-2)的速度公式、位移公式、速度和位移的关系式，说明$v-t$，$\frac{s}{t}-t$，v^2-s各量之间的关系及其图形表示的物理意义。

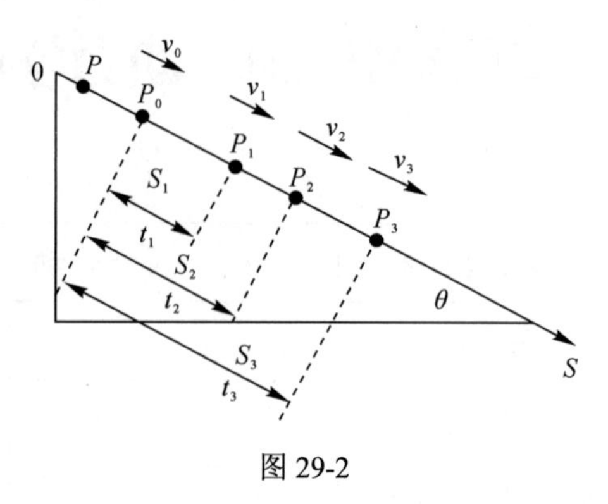

图 29-2

3. 导轨水平状态下小车阻力加速度的测量。描述小车阻力加速度的测量方法，说明如何通过测量阻力加速度来研究阻力加速度和速度之间的关系。

4. 重力加速度的测定，及消减导轨中系统误差的方法。导出含摩擦阻力的重力加速度测量公式和消除摩擦阻力的重力加速度公式。

【实验仪器】(写明仪器型号、规格、精度。)

【注意事项】

【实验内容及步骤】

【数据处理与结果】(列出数据表格，计算结果和不确定度，写出结果表达式。)

分别作 $v-t$ 图线和 $\frac{s}{t}-t$ 图线，由直线斜率与截距求出 a 与 v_0；计算不同速度下的阻力加速度，研究速度与动摩擦力的关系；计算重力加速度并和本地公认值比较求百分比误差。

【结果讨论与误差分析】

(比较 $v-t$ 图线和 $\frac{s}{t}-t$ 图线所得的 a 与 v_0，比较图形所得 v_0 与数据表中 $\overline{v}_0$，加以分析和讨论；将实验所得重力加速度和本地加速度公认值进行比较，分析产生误差的原因。)

【分析讨论题】

1. 如何调节并判断磁悬浮实验仪达到水平状态？
2. 实验中，运动的滑块除了受空气阻力以外还有其他阻力吗？试举例说明。

【实验心得或建议】

【原始数据记录】

1. 匀变速直线运动的研究数据。

$P_0 = 30$ cm，　$\Delta x = 30$ mm，　$\theta = 2°$　。

i	P_i/cm	$S_i = P_i - P_0$/cm	Δt_0/ms	v_0/(cm/s)	Δt_i/ms	v_i/(cm/s)	t_i/ms	a_i/(cm/s^2)	S_i/t_i/(cm/s)
1									
2									
3									
4									
5									
6									

2. 导轨水平状态下小车阻力加速度 a_f 的测量。

$\theta = 0°$ ，$x_0 = 40$ cm，$x_1 = 90$ cm，$\Delta x = 30$ mm，$m =$ ________。

i	v_1/(cm/s)	v_2/(cm/s)	t/ms	a_f/(cm/s^2)	$\overline{a}_f$/(cm/s^2)
1					
2					
3					
4					
5					
6					

(1) 给予小车的推力依次增大，即小车的初速依次增大。

(2) 应分析数据，剔除坏值。

3. 重力加速度 g 的测量。

$\Delta x =$ ________，$S = P - P_0 =$ ________，$m =$ ________，$\overline{a}_f =$ ________，杭州 $g = 9.793\text{cm/s}^2$

θ/°	0.5			1			1.5			2			2.5			3		
	1	2	3	1	2	3	1	2	3	1	2	3	1	2	3	1	2	3
次数																		
a /(cm/s^2)																		
$\overline{a}_i$																		
$g_1 = \dfrac{\overline{a}_i + \overline{a}_f}{\sin\theta}$																		
g_1 平均																		
$g_2 = \dfrac{\overline{a}_{i+1} - \overline{a}_i}{\sin\theta_2 - \sin\theta_1}$																		
g_2 平均																		

教师签名____________

日　　期____________

实验报告 30　简谐振动的研究

<table>
<tr><td>实验名称</td><td colspan="4">简谐振动的研究</td></tr>
<tr><td>班　　级</td><td></td><td colspan="2">实验日期</td><td></td></tr>
<tr><td>学　　号</td><td></td><td rowspan="5">实验成绩</td><td>预习成绩</td><td></td></tr>
<tr><td>姓　　名</td><td></td><td>操作成绩</td><td></td></tr>
<tr><td>实验组号</td><td></td><td>报告成绩</td><td></td></tr>
<tr><td>任课教师</td><td></td><td>总评成绩</td><td></td></tr>
</table>

【实验目的】

1. 学习进行简单设计性实验的基本方法，培养实验设计能力。
2. 通过研究弹簧振子的运动规律，测定弹簧的有效质量。
3. 验证简谐振动的运动规律。

【实验原理】

1. 查阅文献，设计一个测量弹簧劲度系数 k 的方案，简述其测量方法。

2. 设计实验方案，测量弹簧振子的振动周期与弹簧劲度系数和振子质量的关系，简述实验原理和测量方法。

【实验仪器】(写明仪器型号、规格、精度。)

【注意事项】

【实验内容及步骤】(根据实验内容，拟出实验步骤。)

【数据处理与结果】(整理数据表格，逐差法处理劲度系数 k 的数据；作图法处理弹簧振子的振动周期与弹簧劲度系数和振子质量的关系，确定弹簧的有效质量。)

【结果讨论与误差分析】(定性分析弹簧振子的运动规律，对实验所得弹簧的有效质量与相关理论研究进行比较，分析产生误差的原因。)

【分析讨论题】

1. 有效质量和质量有何区别？

2. 测量周期 T 时为什么不是测一个周期而要测量多个周期？取多少个周期取决于什么因素？

【实验心得或建议】

【原始数据记录】

1. 弹簧劲度系数 k 的测量。

弹簧原长 L_0 = ________cm。

砝码质量 m/g	0	2	4	6	8	10	12	14
$F=mg/10^{-3}$ N								
标尺读数 X_i'/cm								
标尺读数 X_i''/cm								
$X_i=\frac{(X_i'+X_i'')}{2}$/cm								
$\Delta X_i=\Delta X_{i+5}-X_i$/cm								
$\overline{\Delta X}=\frac{1}{n}\sum\Delta X_i$/cm								

2. 弹簧振子的振动周期的测量。

弹簧质量 m_0 = ________g；砝码盘和磁片的质量 m_1 = ________g。

振子质量 m/g		20	25	30	35	40	45	50
振动 50 个周期的时间 t/s	1							
	2							
	3							
	平均							
周期 T/s								

教师签名____________

日　　期____________

实验报告 31　金属线膨胀系数的测量

<table>
<tr><td>实验名称</td><td colspan="4">金属线膨胀系数的测量</td></tr>
<tr><td>班　　级</td><td></td><td colspan="2">实验日期</td><td></td></tr>
<tr><td>学　　号</td><td></td><td rowspan="4">实验成绩</td><td>预习成绩</td><td></td></tr>
<tr><td>姓　　名</td><td></td><td>操作成绩</td><td></td></tr>
<tr><td>实验组号</td><td></td><td>报告成绩</td><td></td></tr>
<tr><td>任课教师</td><td></td><td>总评成绩</td><td></td></tr>
</table>

【实验目的】

1. 学习用光杠杆法测量微小长度变化的原理和方法。
2. 测量金属在某一温度区域内的线胀系数。

【实验原理】

1. 简述线胀系数的定义。

2. 光杠杆放大原理测量 ΔL。(画出光杠杆放大原理示意图，并推导微小变化量的公式。)

3. 金属线膨胀系数公式。

【实验仪器】(写明仪器型号、规格、精度。)

【注意事项】

【实验内容及步骤】

【数据处理与结果】(整理数据表格，用逐差法处理数据，计算线胀系数 α、不确定度和相对不确定度，写出结果表达式。)

【结果讨论与误差分析】(简述造成该实验误差的原因。)

【分析讨论题】

1. 在加热过程中，若金属棒上、下温度分布不均匀，对实验有何影响？怎么解决？
2. 能否设想出另一种方法测量微小伸长量，从而测出材料的线胀系数？

【实验心得或建议】

【原始数据记录】

标尺到镜面距离 D = ___________cm，U_D = ___________cm；

铜管长度 L = ___________cm，U_L = ___________cm；

光杠杆常数 b = ___________cm，U_b = ___________cm。

1. 铜管伸长量的测量。

mm

次　数	1	2	3	4	5	6	7	8	9	10
温度 t/℃	30	35	40	45	50	55	60	65	70	75
升温标尺读数 X_i'										
降温标尺读数 X_i''										
$X_i = (X_i' + X_i'')/2$										
$\Delta X_i = \Delta X_{i+5} - X_i$										
$\overline{\Delta X} = \frac{1}{n}\sum \Delta X_i$										

2. 光杠杆三足印迹。

教师签名____________

日　　期____________

实验报告 32 RLC 电路谐振特性的研究

<table>
<tr><td>实验名称</td><td colspan="4">RLC 电路谐振特性的研究</td></tr>
<tr><td>班 级</td><td></td><td colspan="2">实验日期</td><td></td></tr>
<tr><td>学 号</td><td></td><td rowspan="4">实验成绩</td><td>预习成绩</td><td></td></tr>
<tr><td>姓 名</td><td></td><td>操作成绩</td><td></td></tr>
<tr><td>实验组号</td><td></td><td>报告成绩</td><td></td></tr>
<tr><td>任课教师</td><td></td><td>总评成绩</td><td></td></tr>
</table>

【实验目的】

1. 研究和测量 RLC 串联电路的幅频特性。
2. 加深理解电路发生谐振的条件、特点，掌握通过实验获得谐振频率f_0的方法。
3. 了解回路 Q 值的物理意义。

【实验原理】

1. 简述什么是 RLC 串联电路的谐振。导出电路的谐振条件并分析电路谐振时的特点。如何通过实验获得谐振频率f_0？至少描述两种方法。

2. RLC 串联电路如图 32-1 所示。幅频特性是指____。画出 RLC 串联电路的幅频特性曲线。

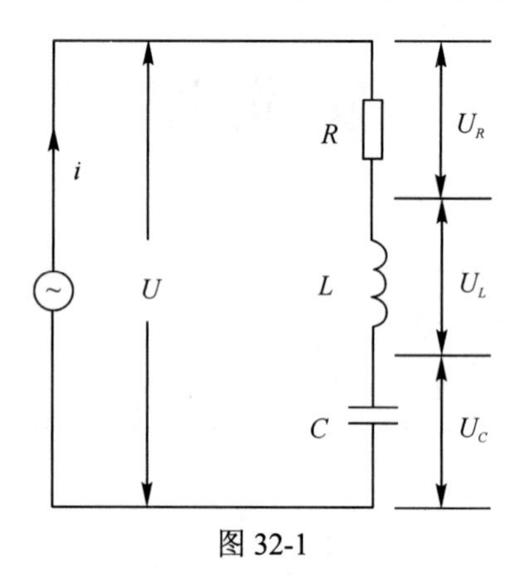

图 32-1

3. 简述什么是谐振电路的品质因数。影响品质因数的参数有哪些？品质因数和通频带宽度、电路的频率选择性的关系如何？描述两种测量品质因数的实验方法。

【实验仪器】(写明仪器型号、规格、精度。)

【注意事项】

【实验内容及步骤】(根据实验要求简述实验内容及步骤，画出测量电路。)

【数据处理与结果】(列出数据表格，计算结果和不确定度，写出结果表达式。)

在坐标纸上画出 RLC 串联电路的幅频特性曲线；根据幅频特性曲线作图求出通频带宽度并求出品质因数。可用电脑作图。求出不同 R 时谐振电路品质因数的实验值并和理论值比较。

【结果讨论与误差分析】(分析实验所得幅频特性曲线关于f_0不对称的原因。分析谐振电路品质因数的实验值和理论值相差比较大的原因。)

【分析讨论题】

1. 实验中发现 U_C 和 U_L 都大于 U，请问是不是错了，为什么？

2. 串联电路谐振时，电容和电感上的瞬时电压的关系如何？若将电容和电感接到示波器的 X 轴和 Y 轴上，将看到什么现象？为什么？

【实验心得或建议】

【原始数据记录】

1. RLC 串联电路的幅频特性。

f/kHz										
U_R/V										
f/kHz										
U_R/V										
f/kHz										
U_R/V										
f/kHz										
U_R/V										

2. 不同 R 下的 Q 值。

R	U_i/V	U_C/V	Q_P	Q_T	百分误差/%
510 Ω					
1000 Ω					

教师签名____________

日　　期____________